全国测绘地理信息职业教育教学指导委员会"十四五"推荐教材

工程变形监测
（第 2 版）

主　编　郝亚东
副主编　王　超　王　淼
　　　　马福星　崔书珍

武汉理工大学出版社
·武汉·

内 容 提 要

本书是全国高职高专院校工程测量技术专业规划教材。本书以培养高等技术应用型人才为指南,采用"项目"形式进行编写,突出教学内容的针对性和实用性,将理论教学和实践教学融为一体,教材内容力求做到简明扼要,深入浅出,贴近生产实际。

本书共有 10 个项目,包括工程变形监测概述,沉降监测,水平位移及裂缝监测,工业与民用建筑物变形监测,基坑工程施工监测,水利工程变形监测,道路工程变形监测,边坡工程变形监测,监测资料的整编与分析,以及 GPS 在变形监测中的应用等内容。

本书可作为高职高专工程测量技术专业的教材,也可供水利水电工程、建筑工程技术、道路与桥梁工程等专业选用,亦可供有关专业和相关技术人员参考。

图书在版编目(CIP)数据

工程变形监测/郝亚东主编. —2 版. —武汉:武汉理工大学出版社,2022.8(2024.1 重印)
ISBN 978-7-5629-6637-1

Ⅰ. ①工… Ⅱ. ①郝… Ⅲ. ①建筑工程-变形观测 Ⅳ. ①TU196

中国版本图书馆 CIP 数据核字(2022)第 132457 号

项目负责人:汪浪涛   **责 任 编 辑:**汪浪涛
责 任 校 对:张莉娟   **排 版 设 计:**芳华时代
出 版 发 行:武汉理工大学出版社
地　　　址:武汉市洪山区珞狮路 122 号
邮　　　编:430070
网　　　址:http://www.wutp.com.cn
经　　　销:各地新华书店
印　　　刷:荆州市精彩印刷有限公司
开　　　本:787×1092 1/16
印　　　张:13.5
字　　　数:337 千字
版　　　次:2022 年 8 月第 2 版
印　　　次:2024 年 1 月第 3 次印刷
印　　　数:6001—8000 册
定　　　价:38.00 元

凡购本书,如有缺页、倒页、脱页等印装质量问题,请向出版社发行部调换。
本社购书热线:027-87391631　87523148　87165708(传真)

全国测绘地理信息职业教育教学指导委员会
"十四五"推荐教材

编 审 委 员 会

出 版 说 明

  教材建设是教育教学工作的重要组成部分,高质量的教材是培养高质量人才的基本保证,高职高专教材作为体现高职教育特色的知识载体和教学的基本条件,是教学的基本依据,是学校课程最具体的形式,直接关系到高职教育能否为一线岗位培养符合要求的高技术应用型人才。

  2011 年,伴随着国家建设的大力推进,高职高专测绘类专业近几年呈现出旺盛的发展势头,开办学校越来越多,毕业生就业率也在高职高专各专业中名列前茅。然而,由于测绘类专业是近些年才发展壮大的,也由于开办这个专业需要很多的人力和设备资金投入,因此很多学校的办学实力和办学条件尚需提高,专业的教材建设问题尤为突出,主要表现在:缺少符合高职特色的"对口"教材;教材内容存在不足;教材内容陈旧,不适应知识经济和现代高新技术发展需要;教学新形式、新技术、新方法研究运用不够;专业教材配套的实践教材严重不足;各门课程所使用的教材自成体系,缺乏联系与衔接;教材内容与职业资格证书制度缺乏衔接等。

  武汉理工大学出版社在全国测绘地理信息职业教育教学指导委员会的指导和支持下,对全国二十多所开办测绘类专业的高职院校和多个测绘类企事业单位进行了调研,组织了近二十所开办测绘类专业的高职院校的骨干教师对高职测绘类专业的教材体系进行了深入系统的研究,编写出了一套既符合现代测绘专业发展方向,又适应高职教育能力目标培养的专业教材,以满足高职应用型高级技术人才的培养需求。

  这套测绘类教材既是我社"十四五"重点规划教材,也是全国测绘地理信息职业教育教学指导委员会"十四五"推荐教材,希望本套教材的出版能对该类专业的发展做出一点贡献。

武汉理工大学出版社

2020.1

前　言

（第 2 版）

　　《工程变形监测》自 2015 年出版以来，已有许多高职院校的测绘工程和地理信息等相关专业使用，同时也受到了生产单位工程技术人员的欢迎，得到了广大用户的认可，第 1 版教材曾多次印刷。近年来，随着国家国民经济的快速发展，国家加大了对基础测绘的投资，兴建了许多大型工程，对工程的变形监测提出了更高的要求，为了更好地学习该课程，在征求使用者意见及建议的基础上，对第 1 版教材进行了适当的增加与修改。

　　再版教材主要修改内容为：项目一增加了工程变形监测的课程目标、工作任务及职业能力，项目二至项目八均增加了一个单项技能训练，全书增加了一项综合实训，并且提供了精心制作的课件以便广大教师授课时参考使用。

　　再版教材由黄河水利职业技术学院的郝亚东教授（高级工程师、注册测绘师）任主编，王超、王淼、马福星、崔书珍任副主编。全书共 10 个项目，具体编写分工如下：黄河水利职业技术学院郝亚东编写项目一、项目三及项目一至项目八的单项实训、综合实训；重庆工程职业技术学院崔书珍编写项目二；辽宁交通高等专科学校高小六编写项目七；黄河水利职业技术学院王淼编写项目四、项目六、项目七案例；云南国土资源职业学院王超编写项目五、项目八；开封市祥和测绘大队马福星编写项目九、项目十。

　　在该教材再版过程中，得到了武汉理工大学出版社的大力支持和许多院校老师的帮助，在此深表感谢！

编　者

2022 年 3 月

目　　录

项目一 工程变形监测概述

【项目概述】

本项目概括地介绍了变形及变形监测的概念,变形对工程建设的影响,以及进行工程变形监测的目的和意义。通过本项目的学习,了解变形监测的基本内容,对变形分析有一定的认识,并对工程变形监测的实施过程有清晰的概念。

一、工程变形监测及其内容

1.工程变形监测

变形是指变形体在各种荷载作用下,其形状、大小及位置随时间变化而发生的变化。变形体的形变包括位移、沉降、倾斜、扭曲、裂缝等。变形是自然界普遍存在的一种客观现象,变形体的形变在一定范围内是被允许的,超过规定的允许值,才可能引发安全事故,造成灾害。对工程建设而言,由于各种原因,在施工和运营阶段建筑物都存在着或大或小的变形,为了保证工程安全,减少灾害发生,必须进行变形监测。

变形监测就是利用专用的仪器和方法对变形体的变形现象进行持续观测,对变形体变形的形态进行分析和对变形体变形的发展态势进行预测等各项工作。其任务是确定在各种荷载和外力作用下,变形体的形状、大小及位置变化的空间状态和时间特征。最具代表性的变形体有大坝、桥梁、高层建筑物、边坡和隧道等。

变形监测分为以下两类:

(1)静态变形监测 静态变形是时间的函数,观测结果只表示在某一期间内的变形。静态变形通过周期测量得到。

(2)动态变形监测 动态变形指在外力(如风、阳光)作用下产生的变形,它是以外力为函数表示的。动态变形需通过持续监测得到。

变形监测的对象,一是区域性变形研究,如地壳形变监测、城市地面沉降;二是工程和局部性变形研究。工程变形监测一般包括工程建(构)筑物及其设备,以及其他与工程建设有关的自然或人工对象,这是本课程研究的主要内容。

2.工程变形监测的内容

变形监测的内容,应根据变形体的性质和地基情况决定。对工程建筑物而言,主要是水平位移、垂直位移、渗透及裂缝观测,这些内容称为外部观测。为了了解建筑物(如大坝)内部结构的情况,还应对混凝土应力、钢筋应力、温度等进行观测,这些内容常称为内部观测。在进行变形监测数据处理时,特别是对变形原因作物理解释时,必须将内、外观测资料结合起来进行分析。

工程变形监测的内容主要包括对各工程变形体进行的水平位移、垂直位移的监测。对变形体进行偏移、倾斜、挠度、弯曲、扭转、裂缝等测量,主要是指对所描述的变形体自身形变和位移的几何量的监测。水平位移是监测点在平面上的变动,一般可分解到某一特定方向;垂直位移是监测点在铅直面或大地水准面法线方向上的变动。偏移、倾斜、挠度等也可归结为监测点

(或变形体)的水平或垂直位移变化。偏移和挠度可以看作是变形点在某一特定方向的水平位移；倾斜既可以换算成水平或垂直位移，也可以通过水平或垂直位移测量和距离测量得到。

对某一具体工程的监测工作而言，在确定监测内容时，应根据工程变形体的性质及其地基情况来相应制定。通常要求有明确的针对性，既要有监测的重点，又要作全面考虑，以便能正确地反映出变形体的变化情况，达到监视变形体的安全、掌握其变形规律的目的。

（1）工业与民用建筑监测

普通的工业与民用建筑物，其监测内容主要包括基础的沉降观测和建筑物本身变形的观测。基础的沉降是指建筑物基础的均匀沉陷与非均匀沉陷；建筑物本身变形是指建筑物的倾斜与裂缝。对于高层及高耸建筑物，还必须进行动态变形观测；对于各种工业设备、工艺设施、导轨等，主要进行水平位移和垂直位移观测。

（2）水工建筑物监测

对于水工建筑，如土坝和混凝土重力坝等，主要是进行水平位移、垂直位移以及渗透、裂缝和伸缩缝等的观测，必要时还应对混凝土坝进行混凝土应力、钢筋应力、温度等的观测。

对桥梁而言，其监测内容主要有桥墩沉陷观测、桥墩水平位移观测、桥墩倾斜观测、桥面沉陷观测、大型公路桥梁挠度观测及桥体裂缝观测等。

（3）地面沉降监测

近年来，随着城市地下水被开发利用，大量地下水被抽取，久而久之将引起地面沉降。地下水抽取引起的地面沉降生成缓慢、持续时间长、影响范围广、成因机制复杂且防治难度大，对沉降区的生态环境、基础设施将产生严重的影响。因此，还应对工程项目的地面影响区域进行地面沉降监测，以掌握其沉降与回升的规律，进而采取有针对性的防护措施。

3．工程变形监测的特点

（1）变形监测需要进行周期性重复观测，这是变形监测的最大特点。所谓周期性重复观测，就是多次的重复观测，第一次称初期观测或零周期观测。每一周期的观测内容及实施过程，如监测网形、监测仪器、监测的作业方法以及监测的人员等都要求一致。

（2）变形监测的精度要求较高。变形监测就是通过周期性重复观测找出建筑物的微小变化，这就要求变形监测必须有较高的精度。使用更加精密的观测仪器，采用更加合理科学的观测方法，得到更为精确的观测结果。

（3）多种观测技术手段的综合运用。随着科学技术的发展，变形监测的监测技术也日新月异，GPS、摄影测量、三维扫描等先进技术和方法在变形监测中得到了应用。

（4）变形监测要对其监测结果作出明确结论。通过对观测数据的分析，判断建筑物的稳定性，从而得出建筑物是否发生变形的结论，以及预测建筑物未来的变化趋势。

二、工程变形监测的目的及意义

首先是实用上的意义。通过进行周期性的重复观测，掌握各种工程建（构）筑物的地质构造的稳定性，为安全性诊断提供必要的信息，以便发现问题并采取措施。

工程变形监测的首要目的是掌握工程变形体的实际性状，为判断其是否安全提供必要的信息。保证工程项目建设安全是一个十分重要且很现实的问题，人类社会的进步和经济建设的快速发展，加快了工程建设的进程，且现代工程建（构）筑物的规模逐步增大，造型愈加复杂，施工难度亦较以前有所增加,因而变形监测工作对工程实施的意义也就更加重要。工程建(构)筑物在施工和运营期间,由于受多种主观因素和客观因素的影响,会产生变形,变形如若超出了允许的限度,就会影响建(构)筑物的正常使用,严重时还会危及工程主体的安全,并带来巨大的经济损失。从实用上来看,变形监测工作可以保障工程安全,监测各种工程建(构)筑物、机器设备以及与工程建设有关的地质构造的变形,及时发现异常变化,并对监测对象的稳定性、安全度作出判断,以便采取相应的处理措施,防止事故发生。所以,为了防止和减小变形对工程建设造成的损失,必须进行工程变形监测,同时,为进一步进行变形分析和工程安全预测提供基础数据。

其次是科学上的意义。包括更好地理解变形的机理,验证有关设计的理论和地壳运动的假说,进行反馈设计,以及建立有效的预测模型。对于工程的安全性来说,监测是基础,分析是手段,预测是目的。

最后,科学、准确、及时地分析和预测工程及工程建(构)筑物的变形状况,对工程项目的施工和运营管理都极为重要,这一工作也属于变形监测的范畴。目前,变形监测技术已成为一门跨学科的应用型技术,并向边缘学科方向渗透发展。变形监测技术主要涉及变形信息的获取、变形信息的分析以及变形预测三个方面的内容。其研究成果对预防灾害及了解变形规律是极为重要的。对工程主体而言,变形监测除了作为判断其安全与否的手段之外,还是验证设计及检验施工安全的重要手段,它为工程主体的安全性诊断提供必要的信息,以便及时发现问题并采取补救措施,最终保障工程项目的安全施工与使用。

三、工程变形监测技术的现状及其发展趋势

1. 变形监测技术现状

变形监测技术是集多门技术学科于一体的综合应用型技术,主要发展于 20 世纪末期。伴随着电子技术、计算机技术、信息技术和空间技术的发展,变形监测的相关理论和方法也得到了长足发展。在工程和局部变形监测方面,地面常规测量技术、地面摄影测量技术、特殊和专用的测量手段,以及以 GPS 为主的空间定位技术等均得到了较好的应用。

（1）地面常规测量技术

地面常规测量技术主要是使用经纬仪、水准仪及全站仪等常规测量仪器,对变形体的变化进行观测,从而判断建筑物的变形。常规监测方法、技术更趋成熟,设备精度、设备性能都具有很高水平。采用常规方法的位移监测可以达到毫米级的监测水平,高精度位移监测方法可以识别 0.1mm 的位移变形。

地面常规测量技术的发展和完善与全站型仪器的广泛使用密切相关,尤其是全自动跟踪全站仪(测量机器人),为局部工程变形的自动监测或室内监测提供了一种良好的技术手段,它可以进行一定范围内无人值守、全天候、全方位的自动监测。实际工程试验表明,测量机器人的监测精度可达亚毫米级。最大的缺陷是受测程限制,测站点一般都在变形区域的范围之内。

（2）地面摄影测量技术

地面摄影测量技术在变形监测中的应用虽然起步较早,但是由于摄影距离不能过远,加上绝对精度较低,使得其应用受到限制,过去仅大量应用于高塔、烟囱、古建筑、船闸、边坡体等的变形监测。近几年发展起来的数字摄影测量和实时摄影测量为地面摄影测量技术在变形监测中的深入应用开拓了非常广阔的前景。

(3)特殊和专用的测量手段

随着光、机、电技术的发展,研究人员研制了一些特殊和专用的仪器,可用于变形的自动监测,它包括应变测量、准直测量和倾斜测量。例如,遥测垂线坐标仪采用自动读数设备,其分辨率可达 0.01mm;采用光纤传感器测量系统可将信号测量与信号传输合二为一,具有很强的抗雷击、抗电磁干扰和抗恶劣环境的能力,便于组成遥测系统,实现在线分布式监测。

(4)GPS 空间定位技术

GPS 作为一种全新的现代空间定位技术,已逐渐在诸多领域中取代了常规光学和电子测量仪器。现在,GPS 技术也已应用于主体工程变形监测中,并且取得了极为丰富的理论研究成果,并逐步走向实用阶段。GPS 用于变形监测的作业方式可划分为周期性和连续性两种模式。

2.变形监测技术发展趋势

变形监测技术未来的发展方向主要有以下几个方面:

(1)多种传感器、数字近景摄影、全自动跟踪全站仪和 GPS 的应用,将向实时、连续、高效、自动化、动态监测系统的方向发展。

(2)变形监测的时空采样率会得到大大提高,变形监测自动化为变形分析提供了极为丰富的数据信息。

(3)可靠、实用、先进的监测仪器和自动化的监测系统,要求在恶劣环境下能长期稳定、可靠地运行。

(4)远程在线实时监控的实现,在大坝、边坡等工程监测中将发挥巨大作用,网络监控是推进重大主体工程安全监控管理的发展之路。

(5)3D 激光扫描技术。3D 激光扫描技术是 20 世纪 90 年代中期开始出现的一项高新技术,是继 GPS 空间定位系统之后又一项测绘技术新突破。它通过高速激光扫描测量的方法,大面积、高分辨率地快速获取被测对象表面的三维坐标数据,可以快速、大量、高精度地获取空间点位及其变化信息。

四、工程变形监测系统

工程建设的迅速发展,对变形监测工作提出了更高的要求,并逐渐形成了对自动化变形监测的实际需求。具有自动目标照准功能的测量机器人的出现,为实现变形监测自动化提供了可能。基于自动化监测的一系列仪器设备、软件、通信设备、控制设备构成了自动化监测系统。

1.工程变形监测系统的组成及其分类

一个监测系统可以由一个或若干个功能单元组成。一般包括进行监测工作的荷载系统、测量系统、信号处理系统、显示和记录系统,以及分析系统等几个功能单元。就目前我国的工程变形监测实际来说,其工程变形监测系统一般有人工监测系统和自动化监测系统两大类。

(1)人工监测系统

由人工进行变换时间和地点的监测操作、各监测数据的读取与记录以及向计算机输入并进行变形分析的系统,称为人工监测系统。它一般由观测设备和传感器、采集箱、测读仪表、电子计算机等几部分组成。

①观测设备和传感器。观测设备通常为传统的测量仪器和针对具体工程所设计的专用仪器。而传感器是指埋设在土体或结构中的测量元件,传感器通过感知(即测量)被测物理量,并

把被测物理量转化为电量参数(电压、电流或频率等),形成便于仪器接收和传输的电信号。观测设备和传感器是进行工程变形监测不可缺少的监测工具。

②采集箱。采集箱是传感器与测读仪表的连接装置,利用切换开关可实现多个传感器对应一个测读仪表的连接。

③测读仪表。测读仪表是用来把传感器传输的电信号转变为可测读的数字符号,便于记录和后期处理成所需的物理量值。接收的数字量成为观测值,运用相应的计算公式,由观测值计算得出物理量,最终形成观测成果。

④电子计算机。在人工变形监测系统中,电子计算机主要用于数据汇总、计算分析、制表制图、打印监测报告。

(2)自动化监测系统

利用一些特定的测量技术和设备(如测量机器人等)来进行工程建设项目的变形监测,以实现全天候的无人值守监测,高效、全自动、准确、实时地进行监测并分析的一种代替人工操作的监测系统,称为自动化监测系统。它一般由传感器和观测设备、遥测采集器、自动化测读仪表、计算机系统等几部分组成。

①传感器和观测设备。自动化监测系统中的传感器与人工监测系统中所采用的基本相同,一般可视具体的监测项目来具体选用。而观测设备一般是一些高精度的自动电子测量仪(全站仪等)、测量机器人、GPS接收机等。

②遥测采集器。通过计算机或自动检测仪表进行自动切换,实现一台自动化测读仪表能快速读取数十(甚至数百)个传感器,这样可以节约大量传输电缆,提高测读的可靠程度和监测工作的效率。

③自动化测读仪表。自动化测读仪表的功能与人工监测系统中的测读仪表相似,自动化测读仪表能够自动切换测点,定时、定点地测读数据,具有数据的切换、存储和显示功能,并可连接多种外围设备(如打印机、绘图仪、磁带机等)。

④计算机系统。计算机系统包括主机系统、外围设备和功能强大的软件系统,其在自动监测系统中不仅可以实现对整个监测系统的控制,而且能够对监测数据进行实时处理,使许多先进的技术和手段能够在监测系统中得以应用。

2. 工程变形监测系统的应用及其发展

目前,在一些大型水利工程建设中所用的GPS变形监测系统,如湖北清江上游的隔河岩大坝外观变形GPS监测系统,便是一种自动化的监测系统,该系统由数据采集、数据传输、数据处理、分析和管理等几个部分组成,并采用了7台高精度的GPS接收机来进行数据的自动采集和传输。

全球定位系统的应用是测量技术的一项变革,它使建立三维的监测网变得简单可行,且GPS定位技术不需要测站间相互通视,这样可以免去建标(即建高大的观测觇标)、砍树之类的工作,并使监测网的一类设计有更多优化的余地。全球定位系统可以提供 1×10^{-6} 的相对定位精度。因此,GPS在精度和经济上的优越性使它在取代很多传统的地面测量方法上有了可能。

现在,GPS定位技术已广泛应用于各种变形监测工作中。GPS连续变形监测系统已研制成功,并应用于圣安德烈斯(San Andreas)断层地壳运动和大坝变形的实时监测中。

除此之外,现今的变形监测系统还在向大型的综合变形监测系统发展,如四维形变监测系统。四维形变监测系统是根据变形观测的特殊要求而建立的一种可对 x、y、z 三向移动和变形进行同时观测,并考虑时间因素对监测工作影响的变形监测系统。其观测数据包括水平角、垂直角、光电测距边长、支距、仪器高、目标高、温度和时间。有关参考数据既可用 GPS 测定,也可在全站型电子经纬仪上自动记录,在电子计算机上自动进行数据处理。四维形变监测系统的出现为大面积的变形观测提供了一种快速、经济的监测手段。基于变形监测的目的是观测地表在 x、y、z 三个方向或沿特定的水平、垂直方向的移动和变形值,以确定移动和变形对建筑物的破坏程度以及形变的时空变化,所以,在采用该综合监测系统时,一般要求采用假定的变形坐标系,即首先按照工程设计资料,确定出变形体特定变形移动的重要方向,并将该方向作为变形坐标系的 x 轴方向或 y 轴方向。

3. 工程变形监测系统的调试和管理

不管是人工监测系统还是自动监测系统,在进入正常监测工作状态前都应对系统进行调试。首先是进行室内单项和联机多项调试,包括利用实验室内各种调试手段和设备对测量元件、仪器仪表以及组建好的系统进行模拟试验;最终的调试是在监测现场安装完毕后进行。调试的目的在于检查系统各部分功能是否正常,其中包括传感器、二次仪表和通信设备等的运转是否正常;测量仪器是否满足自身的各项几何条件,其精度是否满足监测要求;采集的数据是否可靠;精度能否达到安全监测控制指标的要求等。

监测系统的管理是指除了严格地按照监测系统的操作方法进行量测外,还必须对数据的采集实行现场质量控制。为确保监测资料的可靠性,应定期检查监测系统的工作性能。管理检查工作主要包括以下内容:

(1)传感器或表面测点是否遭受人为或自然的损坏,性能是否稳定;

(2)各种测试仪表是否按期校验鉴定,以确保功能正常;

(3)仪表设备的工作环境是否符合测试条件;

(4)电缆、电线是否完好,绝缘性能是否达到设计要求;

(5)对采集到的数据进行分析,以检查是否能将由仪器本身引起的有严重误差的数据予以剔除。

思考与练习题

1. 工程变形监测包含哪些内容?

2. 简述工程变形监测的特点。

3. 简述工程变形监测系统的组成及其分类。

附录一　课程目标、工作任务及职业能力

1. 课程目标

本课程的教学目标为通过课程的学习,学生储备从事竣工测量、安全变形监测等工作所必需的专业知识、专业技能及相关的职业能力,培养学生实际岗位的适应能力,提高学生的职业素质。具体从知识目标、能力目标和态度目标分析如下:

(1)知识目标

通过本课程的学习,教会学生:

①竣工测量的基本知识和方法;

②安全变形监测的基本知识和方法。

(2)能力目标

①能进行水准基点、工作基点和变形监测点的布设;

②能借助精密水准仪进行建筑物或地壳垂直位移的变形监测、数据处理;

③能利用高精度全站仪、精密经纬仪进行大坝水平位移的观测、记录、计算;

④能进行高层建筑物、构筑物、大坝等倾斜变形测量;

⑤能进行高层建筑物、大坝、构筑物等建筑物的裂缝观测;

⑥能对各种变形监测资料进行整理、归档、数据处理、分析和工程变形预测预报。

(3)态度目标

①培养基本职业素养和良好的劳动纪律观念;

②培养认真做事、细心做事的严谨科学态度;

③培养学生的团队协作能力,能根据工作任务进行合理的分工,互相帮助、协作完成工作任务;

④养成正确的仪器设备使用习惯;

⑤培养学生规范填写外业观测手簿、整理内业技术资料的能力;

⑥培养学生语言表达能力,能正确描述工作任务、工作要求,任务开始前能独立编写技术设计书,任务完成之后能独立完成技术总结。

2. 工作任务及职业能力

工作领域	工作任务	职业能力	学习项目
建筑物	沉降监测	能进行变形监测控制网的建立;能进行水准基点、工作基点和变形监测点的布设工作;能借助精密水准仪进行建筑物或地壳垂直位移的变形监测、数据处理工作	项目二:沉降监测
	水平位移及裂缝监测	能进行高层建筑物、大坝、构筑物等的裂缝观测工作	项目三:水平位移及裂缝监测
	工业与民用建筑物监测	能进行高层建筑物、构筑物、大坝等倾斜变形测量	项目四:工业与民用建筑物变形监测

续表

工作领域	工作任务	职业能力	学习项目
基坑工程	基坑工程施工监测	能进行基坑工程安全等级划分;能使用测量方法观测基坑水平位移、垂直位移、土体深层位移、地下水位	项目五:基坑工程施工监测
水利工程	水利工程变形监测	能利用高精度全站仪、精密经纬仪进行大坝水平位移的观测、记录和计算工作	项目六:水利工程变形监测
道路工程	道路工程变形监测	能进行桥梁基础的垂直位移、桥梁挠度监测;能进行高铁桥墩的监测;能进行地铁监测	项目七:道路工程变形监测
边坡工程	边坡工程变形监测	能进行边坡工程监测点布设;能进行边坡工程土体内部位移监测、预应力监测、水位水压监测	项目八:边坡工程变形监测
监测资料分析	监测资料整理与分析	能对各种变形监测资料进行整理、归档、数据处理、分析和工程变形预测预报工作	项目九:监测资料的整理与分析
GPS 应用	GPS 在变形监测中的应用	能进行 GPS 监测网的布设;能进行 GPS 监测数据的处理	项目十:GPS 在变形监测中的应用

项目二 沉降监测

【项目概述】

建筑物沉降监测是变形监测的主要内容之一，建筑物产生不均匀沉降将导致建筑物出现裂缝、倾斜甚至倒塌等情况。本项目介绍了建筑物沉降监测控制网布设方法、沉降监测原理、监测要求，重点介绍了采用精密水准测量方法对建筑物沉降进行监测。

任务 1 概 述

【任务介绍】

本任务概括介绍了沉降产生的主要原因、沉降监测的目的、沉降监测的原理、沉降监测的方法。

【学习目标】

①了解沉降产生的主要原因、沉降监测的目的。

②掌握沉降监测的原理、沉降监测的基本要求。

一、沉降监测概述

沉降监测也称垂直位移监测，是指测定工程建筑物上事先设置的沉降监测点相对于高程基准点的高差变化量（即沉降量）、沉降差及沉降速度，并根据需要计算基础倾斜、局部倾斜、构件倾斜及相对弯曲，绘制沉降量随时间及荷载变化的曲线等。建筑物沉降监测应该在基坑开挖之前进行，并且贯穿于整个施工过程中，而且延续到建成后若干年，直到沉降现象基本停止为止。

1. 沉降监测的目的

监测建筑物在垂直方向上的位移（沉降），以确保建筑物及其周围环境的安全。建筑物沉降监测应测定建筑物地基的沉降量、沉降差及沉降速度，并计算基础倾斜、局部倾斜、相对弯曲及构件倾斜。

2. 沉降产生的主要原因

（1）自然条件及其变化，即建筑物地基的工程地质、水文地质、大气温度、土壤的物理性质等；

（2）与建筑物本身相关的原因，即建筑物本身的荷重、建筑物的结构与形式及动载荷（如风力、震动等）的作用。

3. 沉降监测的原理

定期地测量监测点相对于稳定的水准点的高差以计算监测点的高程，并将不同时间所得同一监测点的高程加以比较，从而得出监测点在该时间段内的沉降量 ΔH，计算公式如下：

$$\Delta H = H_i^{(j+1)} - H_i^j \tag{2-1}$$

式中　　i——监测点点号；

　　　　j——监测期数；

　　　　$H_i^{(j+1)}$——监测点 i 在第 $(j+1)$ 期的高程（m）；

　　　　H_i^j——监测点 i 在第 j 期的高程（m）。

二、沉降监测的基本要求

1.仪器设备、人员素质的要求

根据沉降观测精度要求高的特点，为能精确地反映出建筑物在不断加荷下的沉降情况，一般规定测量的误差应小于变形值的 1/20～1/10，为此要求沉降观测使用精密水准仪（S_1 或 S_{05} 级），水准尺也应使用受环境及温差变化影响小的高精度铟瓦合金水准尺。在不具备铟瓦合金水准尺的情况下，使用一般塔尺时应尽量使用第一段标尺。

作业人员必须接受专业学习及技能培训，熟练掌握仪器的操作规程，熟悉测量理论，能针对不同工程特点、具体情况采用不同的观测方法及观测程序，对实施过程中出现的问题能分析原因并正确运用误差理论进行平差计算，按时、快速、精确地完成每次观测任务。

2.观测时间的要求

建筑物的沉降观测对时间有严格的限制要求，特别是首次观测必须按时进行，其他各阶段的复测必须根据工程进展情况定时进行，不得漏测或补测。只有这样，才能得到准确的沉降情况或规律。相邻的两次时间间隔称为一个观测周期，一般高层建筑物的沉降观测按一定的时间段为一个观测周期（如：30d/次），或按建筑物的加荷情况每升高一层（或数层）为一个观测周期，无论采取何种方式，都必须按施测方案中规定的观测周期准时进行。

3.沉降监测自始至终要遵循"五定"原则

"五定"即沉降监测依据的基准点、工作基点和被观测物的沉降监测点，点位要稳定；所用仪器、设备要稳定；观测人员要稳定；观测时的环境条件要基本一致；观测路线、镜位、程序和方法要固定。以上措施可以从客观上尽量减少观测误差的不定性，使所测的结果具有统一的趋向性，保证各次复测结果与首次观测的结果具有可比性，使所观测的沉降量更真实。

4.施测的要求

要熟练掌握仪器、设备的操作方法与观测程序。在首次观测前要对所用仪器的各项指标进行检测校正，必要时经计量单位予以鉴定。连续使用 3～6 个月后重新对所用仪器、设备进行检校。在观测过程中，操作人员要相互配合，工作协调一致，认真仔细，做到步步有校核。

5.沉降观测精度的要求

根据建筑物的特性和建设、设计单位的要求选择沉降观测精度的等级。在无特殊要求的情况下，一般高层建筑物采用二等水准测量的观测方法就能满足沉降观测的要求。

6.沉降观测成果整理及计算的要求

原始数据要真实可靠，记录计算要符合施工测量规范的要求，按照依据正确、严谨有序、步步校核、结果有效的原则进行成果整理及计算。

三、沉降监测方法

沉降监测一般需要进行精密高程测量，目前精密高程测量的方法主要有精密水准测量和精密三角高程测量，虽然目前的 GNSS 测量的平面精度较高，但在高程测量精度方面还是无法代替精密水准测量和精密三角高程测量。

精密水准测量的精度,要求每千米往返测量高差平均值的总中误差不超过±2mm,根据测段往返测闭合差计算的每千米偶然误差不超过±1mm,系统误差不超过±2mm。我国将一、二等水准测量称为精密水准测量,需按照《国家一、二等水准测量规范》(GB/T 12897—2006)进行施测。

随着全站仪技术的不断完善,目前研究证实采用精密全站仪进行三角高程测量,可以达到二等水准测量精度。

任务 2　沉降监测控制网布设

【任务介绍】

　　本任务介绍了沉降监测控制网的布设方法、布设形式及布设要求,重点介绍了水准基点、工作基点、监测点埋设方法。

【学习目标】

　　①掌握沉降监测控制网的布设方法、布设形式。

　　②了解水准基点、工作基点、监测点埋设方法。

一、沉降监测控制网布设方法及形式

建筑物的沉降监测通常采用精密水准测量的方法,为此需要建立高精度的水准测量控制网。其具体做法是:在建筑物的外围布设一条闭合或附合水准环形路线,再由水准环形路线中的固定点测定各测点的高程,这样每隔一定周期进行一次精密水准测量,求出各水准点和沉降监测点的高程最或然值。某一沉降监测点的沉降量即为首次监测求得的高程与该次复测后求得的高程之差。

对于建筑物较少的测区,宜将控制点连同观测点一起按单一层次布设;对于建筑物较多且分散的大测区,宜按两个层次布网,即由控制点组成控制网,由观测点与所联测的控制点组成扩展网。控制网应布设为闭合环形路线、结点网形或附合高程路线。扩展网亦应布设为闭合或附合高程路线。布设形式如图 2-1、图 2-2、图 2-3 所示。

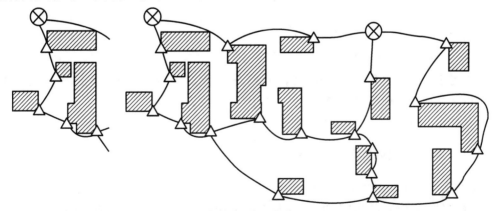

图 2-1　沉降监测水准网布设

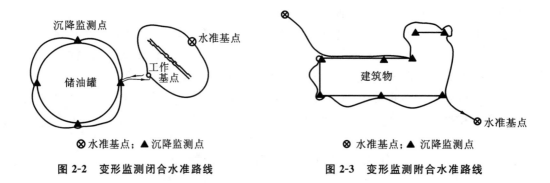

图 2-2　变形监测闭合水准路线　　　　　图 2-3　变形监测附合水准路线

二、沉降监测控制网布设要求

沉降监测测量点分为沉降监测基准点、工作基点和监测点三种。

工作基点用于直接测定监测点的起点或终点,应布置在变形区附近相对稳定的地方,一般采用地表岩石标。当建筑物附近的覆盖层较深时,可采用浅埋标志;当新建建筑物附近有基础稳定的建筑物时,也可设置在该建筑物上。因工作基点位于测区附近,应经常与沉降监测点进行联测,通过联测结果判断其稳定状况,保证监测成果的正确、可靠。

监测点是沉降监测点的简称,布设在被监测的建筑物上。布设时,要使其位于建筑物的特征点上,能充分反映建筑物的沉降变化情况。点位应当避开障碍物,便于观测和长期保存,标志应稳固,不影响建筑物的美观和使用。还要考虑建筑物基础地质、建筑结构、应力分布等,对重要和薄弱部位应适当增加监测点的数目。

沉降监测测量点的布设应符合下列要求:

(1)基准点应布设在变形区域以外、位置稳定且易于长期保存的地方。当基准点距离所测建筑物较远致使变形测量作业不方便时,应设置工作基点。

(2)每一测区的水准基点个数,特级沉降观测的基准点不应少于 4 个,其他级别的沉降观测的基准点不应少于 3 个;对于小测区,当确认点位稳定可靠时可少于 3 个,但连同工作基点不得少于 3 个。水准基点的标石,应埋设在基岩层或原状土层中。在建筑区内,点位与邻近建筑物的距离应大于建筑物基础最大宽度的 2 倍,其标石埋深应大于邻近建筑物基础的深度。在建筑物内部的点位,其标石埋深应大于地基土压缩层的深度。

(3)工作基点与联系点布设的位置应视构网需要确定。作为工作基点的水准点的位置与邻近建筑物的距离不得小于建筑物基础深度的 1.5~2.0 倍。工作基点与联系点也可在稳定的永久性建筑物墙体或基础上设置。

(4)各类水准点应避开交通干道、地下管线、仓库、水源地、河岸、松软填土、滑坡地段、机器振动区,以及其他易使标石、标志遭到腐蚀和破坏的地点。

(5)基准点、工作基点之间应便于进行水准测量。

三、水准基点、监测点的标志与埋设

1. 水准基点埋设

为了测定地面和建筑物的垂直位移,需要在远离变形区的稳定地点设置水准基点,并以它为依据来测定设置在变形区的观测点的垂直位移。

　　水准基点是沉降监测的基准点,因此,它的构造与
埋设必须保证标志能稳定不动和长久保存。水准基点
应尽可能埋设在基岩上,此时,如地面的覆盖层很浅,
则水准基点可采用图 2-4 所示的地面岩石标志。

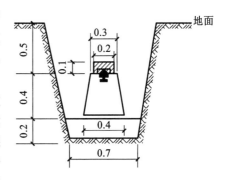

图 2-4　地面岩石标志(单位:m)

　　在覆盖层较厚的平坦地区,则采用钻孔方式穿过
土层和风化岩层到达基岩埋设钢管标志,这种钢管式
基岩标志如图 2-5 所示。对于冲积层地区,覆盖层深
达几百米,这时钢管内部不充填水泥砂浆,为防止钢管
弯曲,可用钢丝索正(即钢管内穿入钢丝束,钢丝束下
端固定在钢管底部的基岩上,上端高出地面,用平衡锤
平衡,使钢丝束处于伸张状态,从而使钢管处于被钢丝束导正
的状态)。另外,为避免钢管受土层的影响,外面应套比钢管直
径稍大的保护管。

　　水准基点的类型可根据观测对象的特点和地层结构,从上
述类型中选取。但为了保证水准基点本身的稳定可靠,应尽量
使标志的底部坐落在岩石上,因为埋设在土中的标志,受土壤
膨胀和收缩的影响不易稳定。

　　2.沉降监测点埋设

　　沉降监测点应布设在最有代表性的地方。对于建筑物沉
降监测点的布设,要依据建筑物基础的地质条件、建筑结构、内
部应力的分布情况,还要考虑便于观测等因素。埋设时注意监
测点与建筑物的连接要牢靠,使得监测点的变化能真正反映建
筑物的沉降情况。

　　对于工业与民用建筑物,常采用图 2-6 所示的各种观测标
志。其中图 2-6(a)所示为钢筋混凝土基础上的监测点,它是埋

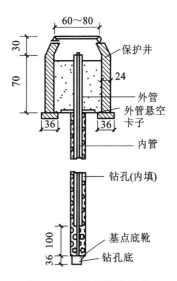

图 2-5　深埋钢管式标志

(单位:cm)

设在基础面上的直径为 20mm、长 80mm 的螺纹钢;图 2-6(b)所示为钢筋混凝土柱上的监测
点,它是一根截面为 30mm×30mm×5mm、长 150mm 的角钢,以 60° 的倾斜角埋入混凝土内;
图 2-7 所示为隐蔽式的监测标志,观测时将球状标志旋入孔洞内,用毕即将标志旋下,换以
罩盖。

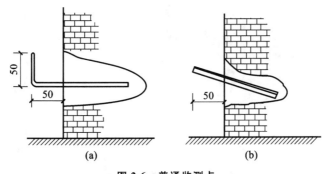

图 2-6　普通监测点

(a)螺纹钢;(b)角钢

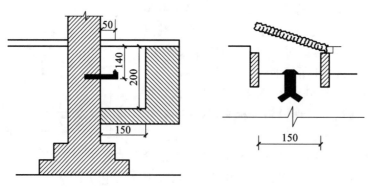

图 2-7　隐蔽式监测点

任务 3　沉降监测实施

【任务介绍】
　　本任务介绍了数字水准仪的使用方法、沉降监测工作方式、基准点观测方法、监测点观测方法及精度保证措施。
【学习目标】
　　①掌握数字水准仪的使用方法。
　　②掌握沉降监测工作方式、基准点观测方法、监测点观测方法及精度要求。

一、数字水准仪

1.数字水准仪介绍

数字水准仪测量系统如图 2-8 所示,由主机和条码标尺两部分组成。其中条码标尺由宽度相等或不等的黑白条码按某种编码规则排列而成。这些黑白条码不同的排列方法,是各仪器生产厂家自主产权的关键。

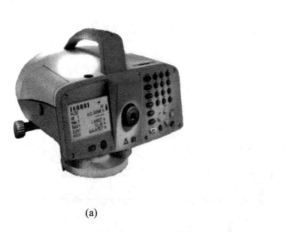

(a)　　　　　　　　　　　　　　　　(b)

图 2-8　数字水准仪和水准尺

数字水准仪主机结构原理如图 2-9 所示,它由望远镜物镜系统、补偿器、分光镜、目镜系统、CCD 传感器(或其他类型的光电传感器)、微处理器、键盘、数据处理软件等组成。这些构件按功能可分为两部分:一是用于仪器的整平、调焦、照准及实现仪器自动补偿的装置,是保证仪器视线水平的机械部件和光学部件,这部分与传统的光学自动安平水准仪相似;二是用于操作控制、成像分析、数据处理、显示、存储和传输的电子部件。

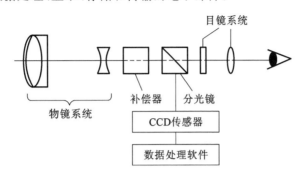

图 2-9 数字水准仪主机结构原理图

与数字水准仪配套使用的水准尺为条形编码尺,通常由玻璃纤维或铟钢制成。数字水准仪测量原理见图 2-10,测量时,在电子水准仪中装的 CCD(行阵)光电传感器捕获仪器视场内的标尺影像后,锁定译码,与存储在仪器中的图像进行比对,经处理器转变为相应的数字,再通过信号转换和计算,将中丝读数和视距直接显示在显示屏上,并将数据存储在存储卡上。目前,市场上主要有徕卡、蔡司、拓普康、索佳等大公司的电子水准仪采用了编码技术。数字水准仪在进行测量时条形编码尺必须竖直(即圆水准器气泡居中),十字丝竖丝必须落在条形编码尺上,否则数字水准仪不读数。

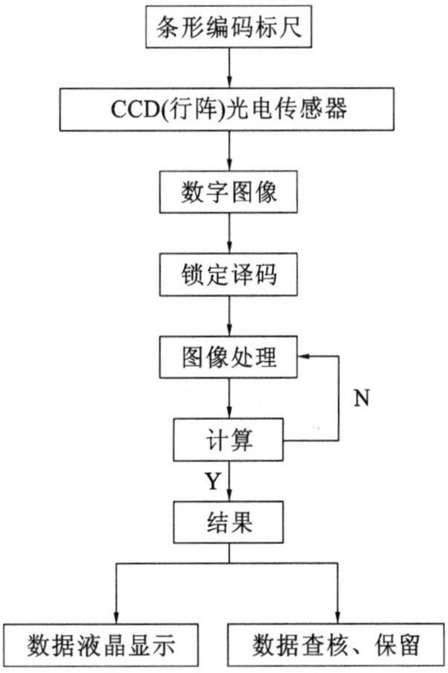

2.数字水准仪的特点

数字水准仪与传统的水准仪相比有以下特点:

(1)读数客观。不存在误记问题,没有人为读数误差。

(2)精度高。视线高和视距读数都是采用大量条码分划图像处理后取均值得来的,因此,消除了标尺分划误差的影响。

图 2-10 数字水准仪工作基本原理

(3)效率高。只需调焦和按键就可以自动读数,减轻了人工劳动强度,同时仪器还附有数据处理器及与之配套的软件,从而可将观测结果输入计算机进入后处理,实现测量工作自动化和流水线作业,使观测效率大大提高。

(4)数字水准仪对标尺进行读数不如光学水准仪灵活。数字水准仪只能对与其配套的标尺进行照准读数,而在有些部门的应用中,常使用自制的标尺,甚至是普通的钢板尺,只要有刻划线,光学水准仪就能读数,而数字水准仪则无法工作。同时,数字水准仪要求有一定的视场范围,但有些情况下,只能通过一个较窄的狭缝进行照准读数,这时就只能使用光学水准仪。

(5)数字水准仪受外界条件影响大。由于数字水准仪是通过 CCD 传感器来分辨标尺条码的图像,进而进行电子读数,而 CCD 传感器只能在有限的亮度范围内将图像转换为用于测量的有效电信号。因此,水准标尺的亮度是很重要的,通常要求标尺亮度均匀,并且亮度适中。

3. 数字水准仪的测量误差来源

(1)与数字水准仪相关的误差

①圆水准器位置不正确导致的误差

圆水准器,其灵敏度一般为 $8'/2\sim10'/2mm$,如果圆水准器安装不正确,将导致水准仪的竖轴倾斜,与补偿器的补偿误差一起形成"水平面倾斜"误差。

②补偿器误差

补偿器误差分为补偿器的安置误差、滞后误差、补偿剩余误差和磁致误差。

补偿器的安置误差反映补偿器建立水平视线的重复精度,是补偿器的重要指标,补偿精度高于 $0.3''\sim0.5''$,其补偿的范围根据仪器不同可达 $8'\sim15'$,若仪器整平时,圆水准器气泡在圆圈里面,则可起到补偿作用。补偿器的滞后误差是指补偿器的平衡位置和静止位置之差,反映了补偿器在时间上的延迟。在进行精密水准测量时,当仪器从后视转为前视时,不能立即进行测量,需要 $1\sim2s$ 的时间等待补偿器稳定,再进行观测,否则将产生系统误差。补偿器的补偿剩余误差主要是由于补偿器性能不够完善,致使数字水准仪的视准轴倾斜,对前后视观测带来"水平面倾斜"误差,其误差大小与圆水准器气泡偏离的方向和偏离大小有关。补偿器的磁致误差指补偿器易受磁场的影响产生误差,在水准观测时,水准路线应避开大功率发电厂、高压线等强磁场环境。

③视准轴误差

数字水准仪具有光视准轴和电视准轴两个视准轴,光视准轴指光学分划板十字丝和望远镜的光心连线,电视准轴是指 CCD 传感器中点附近的一个参考像素和望远镜物镜中心的连线。因此,数字水准仪有光学 i 角和电子 i 角两种。光学视准轴用于条形码的照准、调焦和光学读数;电子视准轴用于电子读数。温度等外界环境的变化、望远镜调焦和强磁场以及测站附近各种机械振动都会引起视准轴误差的变化。

④十字丝分划板竖丝与 CCD 传感器焦线不一致导致的误差

数字水准仪有两个分划板:一个是传统的十字丝分划板,其上面有竖丝和横丝,专供照准条码用;一个是 CCD 传感器的光敏面,其上面有由上千个竖向排列的像素构成的一条电竖丝,这条电竖丝的宽度比光学分划板上的竖丝要宽,用于电子读数。十字丝分划板的竖丝和 CCD 传感器的光敏面都位于望远镜的焦面上,而且电竖丝和十字丝竖丝都应铅垂,左右不得分离和交叉,这样十字丝分划板的竖丝与 CCD 传感器焦线就一致。如果不一致,将会引起读数误差,产生测量误差。

(2)与条形编码尺有关的误差

①尺底面误差

水准条形码标尺底面误差主要包括标尺零点误差、尺底面不平和标尺底面垂直性误差。

标尺底面是标尺分划的零位置,若不为零,则其差值为零点差。一对标尺的零点差一般很难相等,两者零点差的差值称为一对标尺的零点差不等差。在一个测段内,若将标尺前后交替前进,观测偶数站,则两标尺零点差不等差的影响在测段高差中完全可以消除。

若尺底面不平或标尺底面垂直性有误差,则当标尺底面的不同部位与水准点或尺垫接触时,所测得的视线高将不同,从而导致水准测量误差。

②水准尺缺陷导致的误差

水准尺缺陷主要有水准尺上的圆水准器不正确,钢瓦钢带的拉力不正确,水准尺的比例误差(包括比例误差和比例误差的变化),温度膨胀使尺弯曲和扭曲等。其中,圆水准器不正确引起水准尺的倾斜,会导致较大系统误差。

③水准条形码分划误差

水准条形码分划误差指数字水准仪在对标尺条形码进行鉴定后,将鉴定结果与条形码的理论宽度进行对比,求得的标尺条形码分划误差。由于仪器内部的数据处理软件可以对条形码分划误差进行修正,因此,在分划误差修正前应与生产厂家联系,以确认数据处理软件是否已进行了条形码分划误差改正。

(3)读数误差

在测量时,数字水准仪的最小显示位数为 0.1mm 或者 0.01mm,其读数误差一般为最小显示位的 1/10,最大可达 1/2。另外,由于测量信号受到遮挡、标尺的照度不均匀、标尺亮度不合适、视线位于标尺顶部或底部等都会导致视场内的有效条码个数减少,调焦位置不正确、振动等外界因素及测量信号分析与图像处理误差等内在因素的影响,会引起数字水准仪的读数误差。

二、沉降监测的实施

1. 制订观测计划

在精密水准测量实施前,测量人员需要了解和分析测区的有关资料,根据测区的位置、坡度、自然环境、交通和气候特点等情况制订观测计划。

(1)确定水准测量路线

考虑精密水准测量的特点,尽量选择地势平坦、障碍物少、交通不是很繁忙的地方。

(2)作业人员的选择

精密水准测量精度要求较高、测量难度大,应选择业务熟练、责任心强的作业人员,一般一个观测组需要观测员 1 人、扶尺员 2 人、打伞 1 人。水准测量是一项需要团队合作才能完成的测量任务,每个环节都至关重要,要求每个人都要认真负责,密切配合。

(3)仪器的检查与校正

根据《国家一、二等水准测量规范》(GB/T 12897—2006)的要求,精密水准测量实施前必须对水准仪和水准尺进行检查与校正,重点是对圆水准器和 i 角的检查与校正。

2. 精密水准测量外业观测要求

(1)观测前 30min,应将仪器置于露天阴影处,使仪器与外界气温趋于一致;观测时应用测伞遮蔽阳光;迁站时应罩以仪器罩。

(2)仪器距前、后视水准标尺的距离应尽量相等,其差应小于规定的限值。这样,可以消除或削弱与距离有关的各种误差对观测高差的影响,如 i 角误差和垂直折光等的影响。

(3)在同一测站上观测时,不得两次调焦。

(4)在两相邻测站上,应按奇、偶数测站的观测程序进行观测,对于往测,奇数测站按"后一前一前一后"、偶数测站按"前一后一后一前"的观测程序在相邻测站上交替进行。返测时,奇数测站与偶数测站的观测程序与往测时相反,即奇数测站由前视开始,偶数测站由后视开始。这样的观测程序可以消除或减弱与时间成比例均匀变化的误差对观测高差的影响,如 i 角的变化和仪器的垂直位移等的影响。

（5）在连续的各测站上安置水准仪时，应使其中两脚螺旋与水准路线方向平行，而第三脚螺旋轮换置于路线方向的左侧与右侧。

（6）每一测段的往测与返测，其测站数均应为偶数，由往测转向返测时，两水准标尺应互换位置，并应重新整置仪器。在水准路线上将每一测段仪器测站安排成偶数测站，可以削减两水准标尺零点不等差等误差对观测高差的影响。

（7）每一测段的水准测量路线应进行往测和返测，这样可以消除或减弱性质相同、正负号也相同的误差影响，如水准标尺垂直位移的误差影响。

（8）一个测段的水准测量路线的往测和返测应在不同的气象条件下进行，如分别在上午和下午观测。

（9）观测前应对圆水准器进行严格检验与校正，观测时应严格使圆水准器气泡居中。

（10）选择适宜的观测条件，需防止阳光、高温、风沙、气流、震动等影响。适宜选择阴天多云的天气进行施测，受外界干扰少。

3.沉降监测的作业方式

作为建筑物沉降监测的水准点一定要有足够的稳定性，水准点必须设置在受压、受震的范围以外。同时，水准点与监测点相距不能太近，但也不能太远，相距太远会影响精度。为了解决这个矛盾，沉降观测一般采用"分级观测"方式。将沉降监测的布点分为三级：水准基点、工作基点和沉降监测点。图2-11所示为某大坝沉降监测的测点布置图。在图2-11中，为了测定坝顶和坝基的垂直位移，分别在坝顶以及坝基处各布设了一排平行于坝轴线的垂直位移监测点。一般要在每个坝段布置1个监测点，重要部位则应适当增加，由于图2-11中4、5坝段处于最大坝高处，且地质条件较差，所以每坝段增设1个观测点。此外，为了在该处测定大坝的转动角，需在上游方向增设监测点，故4、5坝段内各布设了4个水平位移监测点。

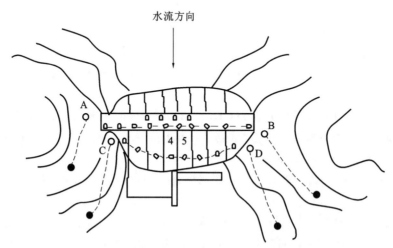

●—水准基点; ○—工作基点; ▢—沉降监测点

图2-11　某大坝沉降监测测点布置图

沉降观测分两级进行：

（1）水准基点—工作基点；

（2）工作基点—沉降监测点。

工作基点相当于临时水准点,其点位也应力求坚固稳定。定期由水准基点复测工作基点,由工作基点监测沉降点。

如果建筑物施工场地不大,则可不必分级观测,但水准点应至少布设3个,并选择其中最稳定的一个点作为水准基点。

4.高程测量精度等级和方法的确定

(1)测量精度等级的确定

先确定最终沉降量监测中误差,再估算单位权中误差 μ,最后根据 μ 选择高程测量的精度等级。

(2)测量方法的确定

高程控制测量宜采用几何水准测量方法。当测量点间的高差较大且精度要求较低时,亦可采用短视线光电测距三角高程测量方法。

(3)几何水准测量的技术要求(表2-1、表2-2和表2-3)

表 2-1 仪器精度要求和观测方法

变形测量精度等级	仪器型号	水准尺	观测方法	仪器 i 角要求
特级	DSZ_{05} 或 DS_{05}	铟瓦合金标尺	光学测微法	≤10°
一级	DSZ_{05} 或 DS_{05}	铟瓦合金标尺	光学测微法	≤15″
二级	DS_{05} 或 DS_1	铟瓦合金标尺	光学测微法	≤15″
三级	DS_1	铟瓦合金标尺	光学测微法	≤20″
	DS_3	木质标尺	中丝读数法	

注:光学测微法和中丝读数法的每测站观测顺序和方法,应按现行国家水准测量规范的有关规定执行。

表 2-2 水准观测的技术指标

精度等级	视线长度	前后视距差	前后视距累积差	视线高度
特级	≤10m	≤0.3m	≤0.5m	≥0.5m
一级	≤30m	≤0.7m	≤1.0m	≥0.3m
二级	≤50m	≤2.0m	≤3.0m	≥0.2m
三级	≤75m	≤5.0m	≤8.0m	三丝能读数

表 2-3 水准观测的限差要求

精度等级		基辅分划（黑红面）读数之差（mm）	基辅分划（黑红面）所测高差之差（mm）	往返较差及附合或环线闭合差（mm）	单程双测站所测高差较差（mm）	检测已测测段高差之差（mm）
特级		0.15	0.2	≤$0.1\sqrt{n}$	≤$0.07\sqrt{n}$	≤$0.15\sqrt{n}$
一级		0.3	0.5	≤$0.3\sqrt{n}$	≤$0.2\sqrt{n}$	≤$0.45\sqrt{n}$
二级		0.5	0.7	≤$1.0\sqrt{n}$	≤$0.7\sqrt{n}$	≤$1.5\sqrt{n}$
三级	光学测微法	1.0	1.5	≤$3.0\sqrt{n}$	≤$2.0\sqrt{n}$	≤$4.5\sqrt{n}$
	中丝读数法	2.0	3.0			

注:n 为测站数。

5. 基准点观测

现以大坝变形观测为例,介绍沉降观测分级观测的具体实施过程。首先介绍基准点观测,然后介绍沉降点观测。

(1)观测内容

采用精密几何水准测量方法测量水准基点与工作基点之间的高差,水准路线宜构成闭合形式。

(2)观测周期

基准点观测的周期一般为1年或半年,即1年观测1次或1年观测2次。

(3)精度要求

精度要求为:每千米水准测量高差中数的中误差不超过±0.5mm,即

$$m_O = \mu_{km} = \pm\sqrt{\frac{[p_i d_i d_i]}{4n}} \leqslant \pm 0.5mm \tag{2-2}$$

$$p_i = 1/R_i \tag{2-3}$$

式中　d_i——各测段往、返测高差之差值(mm);

　　　n——测段数;

　　　p_i——各测段的权值;

　　　R_i——各测段水准路线长度(km)。

(4)观测方法

采用国家一等水准测量方法,或参考有关规范,变形测量等级取"特级"或"一级"。具体措施如下:

①观测前,仪器、标尺应晾置30min以上,以使其与作业环境相适应;

②各期观测应固定仪器、标尺,并固定观测人员;

③各期观测应固定仪器位置,即安置水准仪时要对中;

④读数基辅差互差 $\Delta K \leqslant 0.15mm$(特级),或 $\Delta K \leqslant 0.30mm$(一级)。

6. 沉降点观测

(1)观测内容

采用精密几何水准测量方法测量工作基点与沉降观测点之间的高差,水准路线多构成闭合形式,或在多个工作基点之间构成附合形式。

(2)观测周期

不同建筑物沉降观测的周期和观测时间,可根据建筑物本身的具体要求并结合具体情况确定。大坝变形观测是长期的,沉降观测的周期一般为30d,即每月观测1次。

(3)精度要求

大坝沉降观测最弱点沉降量的测量中误差应满足±1mm的精度要求,即

$$m_{H_{ii}} \leqslant \pm 1.0mm$$

(4)观测方法

采用国家二等水准测量方法,变形测量等级取"一级"或"二级"。

数字水准仪外业观测以徕卡 DNA03 进行二等精密水准测量为例,其操作如下:

①参数设置

开始测量前,应对数字水准仪进行如下设置:往返测设置,测量等级设置为二级,读数次数

设置为两次,观测顺序设置为 aBFFB 模式,高程显示位数设置为 0.01mm,距离显示位数设置为 0.1m,视距长上限设置为 50m,视距长下限设置为 3m,视线高上限设置为 2.8m,视线高下限设置为 0.55m,前后视距差限值设置为 1.5m,视距差累计值限值设置为 6m,两次读数差限值设置为 0.4m,两次所测高差之差限值设置为 0.6mm,等等。

②观测步骤

数字水准测量的步骤既可以按照"后—后—前—前"的读尺顺序,也可以按照"后—前—前—后"的读尺顺序进行读数。现以"后—前—前—后"为例说明数字水准仪每一站的操作步骤,具体步骤如下:

a. 整平仪器(望远镜绕垂直轴旋转,圆水准器气泡始终位于指标环中央)。

b. 将望远镜对准后视尺(此时标尺应按照圆水准器整平后置于垂直位置),用垂直丝照准条码中央,精确调焦至条码影像清晰,按测量键。

c. 显示读数后,旋转望远镜照准前视标尺中央,精确调焦至条码影像清晰,按测量键。

d. 显示读数后,重新照准前视标尺,按测量键。

e. 显示读数后,旋转望远镜照准后视标尺中央,精确调焦至条码影像清晰,按测量键,显示测站成果。测站检查合格后迁站。

③具体措施

大坝沉降观测中大部分观测是在大坝廊道内进行的,有的廊道净空高度偏小,作业不便;有的廊道(如基础廊道)高低不平,坡度变化大,视线长度受限制,给精密水准测量带来了很大困难。为了保证精度,除执行国家规范的有关规定外,还应根据生产单位的作业经验,对沉降监测补充如下具体措施:

a. 每次观测前(包括进出廊道前后),仪器、标尺应晾置 30min 以上;

b. 各期观测应固定仪器、标尺,并固定观测人员;

c. 设置固定的架镜点和立尺点,使每次往返测量能在同一路线上进行;

d. 仪器至标尺的距离不宜超过 40m,每站的前后视距差不宜大于 0.7m,前后视距累积差不宜大于 1.0m,基辅差误差不得超过 0.30mm(一级)或 0.50mm(二级);

e. 在廊道内观测时,要使用手电筒以增强照明。

【案例】 沉降监测实例

一、工程概况

长三角地区是全国城际客运系统最发达的地区,其高速铁路网络主要由沪宁、沪杭、宁杭和杭甬等客运专线组成;长三角地区也是全国地面沉降较严重的地区,人口稠密,四季变化较明显,列车安全运行至关重要。现以长三角高速铁路某车站路基段为研究对象,该客运专线高铁采用无砟轨道,设计速度 350km/h,该路段桥梁工程占 87%,通过动检车检测和 CPⅢ复测确定该车站所在路基段存在沉降问题,需要进行运营期的"三等变形"沉降监测(变形监测等级由业主确定),其技术要求按照《高速铁路工程测量规范》(TB 10601—2009)执行。

二、基准点选择

目前,国内高速铁路修建在经济较发达的华北平原、长三角地区和珠三角地区,诸地区也是全国区域地面沉降较严重地区。在高速铁路修建伊始,按照《高速铁路工程测量规范》(TB 10601—2009)的规定,为解决区域地面沉降问题,线路沿途每隔 50km 宜修建一座基岩标,作为高程控制测量的基准,以保证高速铁路线路的设计坡度和平顺性。

在高速铁路路基运营维护阶段,需要监测的线下路基工程一般范围较小(多集中在车站),少则几百米,多不过几千米,若采用高速铁路施工阶段遗留的基岩标作为基准点,则基准点距离监测区太远,联测累积误差较大,不能满足要求,且不利于"天窗点"施工。同时,利用基岩点进行路基沉降监测时,还需要对沉降路基两端部分桥梁或非沉降路基段进行测量,以便计算沉降路基段线路的相对调整量,保证线路的平顺性,增加了监测工作量。另外,沿途遗留的其他水准点因地面沉降影响,亦不能作为维护监测的高程基准点。高速铁路桥梁墩台是根据当地水文地质条件设计施工的,埋设深度一般在 $30\sim40m$,较一般水准点稳定性高,故选择沉降路基两端的桥梁上的 CPⅢ 点作为该段路基维护监测的起、终基准点,并且利用桥梁上的 CPⅢ 点作为基准点所获得的路基沉降量是相对于桥梁的沉降量,便于路基线路相对调整量的计算,监测工作量较线路沿线基岩标基准减少。起算数据采用 CPⅢ 精密网最新复测数据。基准点点位分布图如图 2-12 所示。

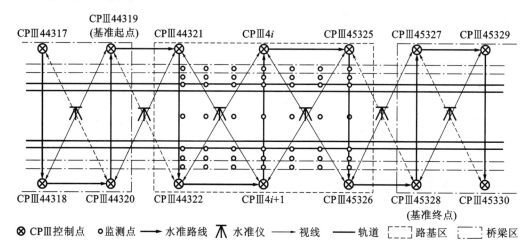

图 2-12　水准测量路线与各类监测点分布示意图

三、监测点布设

高速铁路路基维护沉降监测采用水准断面监测法,即各类监测点布设成纵、横断面。为整体掌握线下路基稳定性及差异沉降情况,根据线下路基结构,监测点分别在路基两侧路堤、底座板、轨道板、轨面和双线路基中心处,每类监测点沿线路走向形成一条纵断面。同时,路基监测区每对 CPⅢ 点对应位置布设成一条基本横断面,根据监测区沉降严重情况,相邻两对 CPⅢ 点之间进行横断面加密。各类监测点纵、横断面平面位置分布见图 2-12,各类监测点路基位置分布见图 2-13,路基两侧路堤监测点采用线路两侧 CPⅢ 点代替。

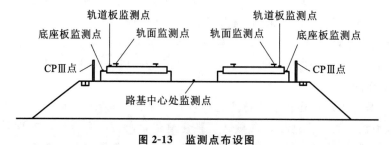

图 2-13　监测点布设图

四、沉降监测与数据分析

路基维护沉降监测一般每月进行 1 次，当单次沉降量超过 3mm 时，需进行复测，并提高观测频率。当遇到暴雨等极端天气情况时，也应增加观测次数。

监测数据的采集采用二等水准附合路线进行，除线路两端基准点和 3 个检核点外，线路中其他 CPⅢ点作为线路测量转点。除 CPⅢ外的其他各类监测点在进行水准线路测量时采用中视法观测，且每期、每站中视测量的监测点固定。

在车站路基段两端桥梁上选择了 CPⅢ44319、CPⅢ45328 作为监测附合水准路线的起、终基准点，线路全长 3.5km，根据路基结构特征，布设了上行 CPⅢ点、上行底座板监测点、上行轨道板监测点、上行轨面监测点、路基中心处监测点、下行轨面监测点、下行轨道板监测点、下行底座板监测点和下行 CPⅢ点 9 条纵断面，首期监测在 2011 年 10 月 3 日进行，以后每月监测 1 次，现提取了 2012 年 6 月至 2012 年 11 月第 8~13 期共 6 期监测结果进行分析研究，各期监测数据结果精度统计见表 2-4。

表 2-4　各期沉降监测成果精度统计

监测日期	闭合差（mm）	闭合差限差（mm）	每站高差中误差（mm）	最弱点高程中误差（mm）
2012 年 6 月 21 日	1.9	7.3	0.15	0.97
2012 年 7 月 26 日	1.6	7.3	0.13	0.82
2012 年 8 月 29 日	0.3	7.3	0.02	0.12
2012 年 10 月 12 日	1.0	7.3	0.08	0.48
2012 年 10 月 29 日	0.7	7.3	0.06	0.34
2012 年 11 月 28 日	0.8	7.3	0.07	0.42

从表 2-4 中可以看出，该监测方案可以满足《高速铁路工程测量规范》（TB 10601—2009）中有关"三等变形测量"的技术要求，能够真实反映出高速铁路路基沉降情况，为铁路线路维护提供准确数据。图 2-14 所示为该段路基第 8~13 期共 6 期监测上、下行部分监测点纵断面变化态势图。

从图 2-14 中可以看出，截至 2012 年 11 月 28 日，该路基个别地区累计沉降量已超过 20mm（长路基限值 30mm），且有持续沉降趋势，需引起铁路线路维护部门重视。但该段路基不均匀沉降小于 20mm/20m，线路平顺性较好，尚不影响列车正常运营。

高速铁路路基线路的平顺性维护一般通过轨道扣件调整实现，对沉降变化较大地区（已超过扣件调整量），则可以通过在路基两侧打桩注浆等方式进行整治，在整治施工过程中，也可通过上述方案进行施工期间的路基变化实时监测。

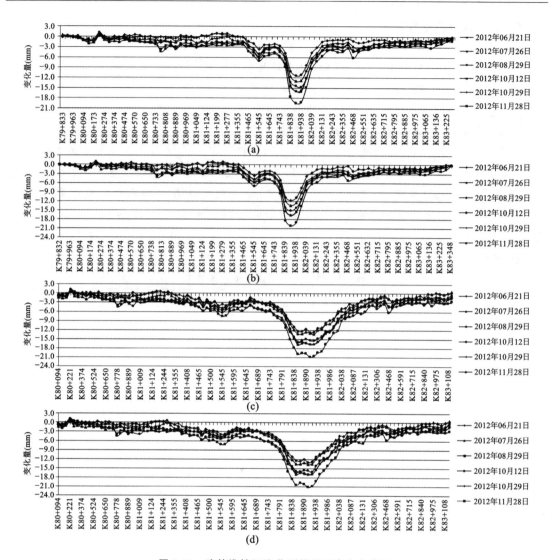

图 2-14　路基维护沉降监测纵断面变化态势图

(a)上行路堤 CPⅢ点纵断面变化态势图；(b)下行路堤 CPⅢ点纵断面变化态势图；

(c)上行轨道板纵断面变化态势图；(d)下行轨道板纵断面变化态势图

思考与练习题

1. 建筑物沉降监测测量点有哪些？

2. 如何进行精密数字水准仪 i 角检验与校正？

3. 简述建筑物产生沉降的原因。

4. 简述沉降监测的目的、原理。

5. 建筑物沉降监测的方法有哪些？

6. 如何布设沉降监测网？

7. 简述沉降监测的工作方式。

8. 进行沉降监测时，为何要保持仪器、观测人员、观测路线不变？

实训　建筑物沉降监测

一、作业准备

1.作业分组

实训小组由 3～5 人组成,分别司职观测员、记录员、扶尺员,设组长 1 人。

2.仪器配置

(1)每个实训小组配备精密电子水准仪 1 台、脚架 1 个、水准尺 1 对、尺垫 2 个。

(2)个人配备记录板、记录表格、铅笔、小刀等工具。

3.实训时间

实训时间为 4 个课时。

4.实训场地

教学楼、实训楼、宿舍楼。

5.实训内容

(1)每个实训小组完成 1 个建筑物沉降观测点的布设、1 条沉降观测路线布设及闭合水准路线的往返观测。

(2)每位组员完成 1 个测段的观测、记录及高差计算。

(3)实训小组团体完成监测点高程计算。

6. 实训目标

(1)掌握建筑物沉降监测点的布设。

(2)掌握沉降监测路线布设。

(3)掌握建筑物沉降监测的观测、记录、高程计算。

二、作业实施

1.建筑物沉降监测基准点、工作基点、监测点的布设。

2.建筑物沉降监测路线的选取。

3.建筑物沉降监测基准点、工作基点、监测点的观测。

4.数据记录与计算。

三、作业要求与注意事项

1.作业依据:《建筑变形测量规范》(JGJ 8—2016)。

2.仪器严格整平,气泡要居中。

3.基准点布设在稳固牢靠的地方,原则上不少于 3 个。

4.沉降观测要"3 固定"。

5.测站限差、往返较差、路线闭合差符合规范要求。

四、实训报告

姓名_____学号_____班级_____指导教师_____日期_____

〔实训名称〕

〔目的与要求〕

〔仪器和工具〕

〔主要步骤〕

〔数据处理〕

项目三　水平位移及裂缝监测

【项目概述】

本项目介绍了工程建筑物变形监测的基本知识,并对工程建筑物变形监测中的沉降监测、水平位移监测、倾斜监测、裂缝监测等监测内容的监测方法和监测技术进行了详细讲述,还介绍了工程建筑物变形监测项目的资料整理与分析。最后用某建筑物变形监测的实例说明了工程建筑物变形监测项目的各个关键环节。

任务1　基准线法测量水平位移

【任务介绍】

本任务主要介绍测定水平位移的方法——基准线法,包括视准线法、引张线法、激光准直法的作业原理与作业方法。

【学习目标】

①了解视准线法、引张线法、激光准直法的作业原理。

②掌握视准线法、引张线法、激光准直法的作业方法。

采用基准线法测量水平位移,是以通过大型建筑物轴线(例如大坝轴线、桥梁主轴线等)或者平行于建筑物轴线的固定不变的铅垂平面为基准面,根据该基准面来测定建筑物的水平位移。由两基准点构成基准线,此法只能测量建筑物与基准线垂直方向的变形。对于直线形建筑物的位移观测,采用基准线法具有速度快、精度高、计算简便等优点。

根据所采用仪器设备的不同,基准线法可分为三类,见表3-1。

表3-1　基准线法的分类

序号	基准线法名称	说明
1	视准线法	又分为"测小角法"和"活动觇牌法"
2	引张线法	—
3	激光准直法	有"激光经纬仪准直法"和"波带板激光准直法"两种

一、视准线法

1. 作业原理

在两固定点间设置经纬仪,以其视线作为基准线,定期测量观测点到基准线间的距离,求定观测点水平位移量的技术方法,主要用于基坑水平位移观测。

在基准点上安置好仪器,后视观测点,然后投影至远处固定物体上,做好标记并编号,依次后视其他观测点并做投影标记。后期观测时,首先后视投影点,然后照准相应观测点并量测其变化量,部分点位可以增加距离测量参数加以验证。

2. 作业方法

(1)测小角法

测小角法是采用视准线法测定水平位移的常用方法。测小角法是利用精密经纬仪精确地测出基准线与置镜点到观测点(p_i)视线所夹的微小角度β_i(图 3-1),并根据下式计算偏离值:

$$\Delta p_i = \frac{\beta_i}{\rho} D_i \qquad (3\text{-}1)$$

式中 D_i——端点 A 到观测点 p_i 的水平距离,m;

ρ——$206265''$。

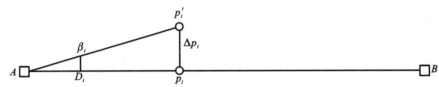

图 3-1 测小角法

(2)活动觇牌法

活动觇牌法是视准线法的另一种方法。观测点的位移值利用安置于观测点上的活动觇牌(图 3-2)直接读数来测算,活动觇牌读数尺上最小分划为 1mm,采用游标卡尺可以读数到 0.1mm。

观测过程如下:

在 A 点安置精密经纬仪,精确照准 B 点目标(觇标)后,基准线就已经建立好了,此时,仪器就不能左右旋转了;然后,依次在各观测点上安置活动觇牌,观测者在 A 点用精密经纬仪观看活动觇牌(注:仪器不能左右旋转),并指挥活动觇牌操作人员利用觇牌上的微动螺旋左右移动活动觇牌,使之精确对准经纬仪的视准线,此时在活动觇牌上直接读数,同一观测点各期读数之差即为该点的水平位移值。

3. 误差分析

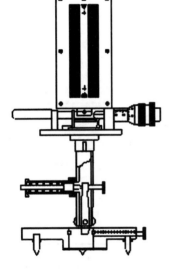

图 3-2 活动觇牌

由于视准线法观测中采用了强制对中设备,所以其主要误差来源是仪器照准觇牌的照准误差。测小角法对于距离 D_i 的观测精度要求不高,一般取相对精度的 1/2000 即可满足要求。所以,在测小角法中,边长只需丈量一次,并且在以后各周期观测中,此值可以认为不变。

对于照准误差,从实际观测来看,影响照准误差的因素很多,它不仅与望远镜放大倍率、人眼的视力临界角有关,而且与所用觇牌的图案形状、颜色也有关,另外,不同的视线长度、外界条件的影响等也会改变照准误差的数值。因此,要保证测小角法的精度,关键是提高照准精度。由于测小角法的主要误差为照准误差,故有:

$$m_\beta = m_V \qquad (3\text{-}2)$$

式中 m_β——角度 β 的观测中误差;

m_V——照准误差,若取肉眼的视力临界角为 $60''$,则照准误差为:

$$m_\mathrm{V} = \frac{60''}{V} \tag{3-3}$$

式中　V——望远镜的放大倍数。

测小角法测量小角度的精度要求可按下式估算：

$$m_{\beta_i} = \frac{\rho}{D_i} m_{\Delta_{P_i}} \tag{3-4}$$

式中　$m_{\Delta_{P_i}}$——微小角度 β_i 引起的偏离值的中误差。

当已知 $m_{\Delta_{P_i}}$，根据现场所量得的距离 D_i，即可计算出对小角度观测的要求。

二、引张线法

1.作业原理

在两固定点间将用重锤和滑轮拉紧的丝线作为基准线，定期测量观测点到基准线间的距离，以求定观测点水平位移量的技术方法。该法适用于直线形的建（构）筑物，具有设备简单、测量方便、速度快、精度高、成本低等优点。

引张线法一般用来测定建筑物的横向水平位移，这在大坝变形测量中有较多的应用，测点通常布置在大坝坝顶和基础廊道内，分别监测坝顶水平位移和坝基水平位移，图3-3所示为某工程采用引张线法测定水平位移的监测布置示意图。引张线法观测精度较高，可达0.1～0.3mm，宜采用浮托式，线长不足200m时，可采用无浮托式。

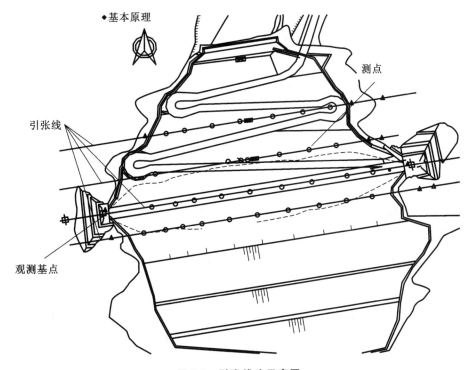

图 3-3　引张线法示意图

2.作业方法

（1）引张线

引张线法的基准线是一条直径为0.8～1.2mm的不锈钢丝。在钢丝的两端悬挂重锤，或将钢丝的一端固定,在另一端悬挂重锤,从而使钢丝拉紧形成一条直线。通过观测各测点与钢丝的偏离值来获得各测点的水平位移。

引张线一般设置在观测对象的表面(如坝的表面等)或内部水平空间(如坝体廊道等)中,主要由端点装置、测点装置、测线和保护管等组成。图 3-4 所示为两端悬挂重锤的引张线示意图。

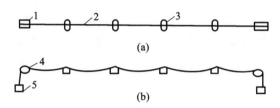

图 3-4　引张线示意图

(a)平面图;(b)立面图

1—端点;2—引张线;3—位移测点及浮托装置;4—定滑轮;5—重锤

端点装置包括钢筋混凝土基墩和重锤,在基墩上装有夹线器和定滑轮,重锤的质量根据引张线长度确定,一般为 40～80kg。为获得测点的绝对位移,当基墩设置在外部时,一般应设置在被视为不动点的牢固位置,并定期检测基墩本身的位移情况;当基墩设置在内部时,一般应与倒垂线联合使用,以倒垂线作为工作基点。

(2)观测读数

测点装置包括浮托装置、读数装置及托架(或观测墩)等。浮托装置由水箱、浮船、保护箱等构成,主要用于支承引张线的钢丝;读数装置用于量测测点位移,早期一般使用人工测读的读数尺,目前主要使用可用于遥测的电容感应式或步进电机式引张线读数仪。引张线保护管一般为直径 10cm 左右的 PVC 管,同时也可以采用镀锌钢管。

引张线法中假定钢丝两端点固定不动,因而引张线是固定的基准线,由于各观测点上的标尺与坝体是固连的,所以对于不同的观测周期,钢丝在标尺上的读数变化值,就直接表示该观测点的位移值。

观测钢丝在标尺上的读数的方法很多,现介绍读数显微镜法。该法是利用刻有测微分划线的读数显微镜进行的,测微分划线最小刻划为 0.1mm,可估读到 0.01mm。由于通过显微镜后钢丝与标尺分划线的像都变得很粗大,所以采取测微分划线读数时,应采取对两个读数取平均值的方法。图 3-5 给出了观测情况与读数显微镜中的成像情形。如图 3-5 所示,钢丝左边缘读数为 $a = 62.00$mm,钢丝右边缘读数为 $b = 62.20$mm,故该观测结果为 $\frac{a+b}{2} = 62.10$mm。

通常观测是从靠近端点的第一个观测点开始读数,依次观测到测线的另一端点,此为一个测回,每次需要观测三个测回。各测回之间应轻微拨动中间观测点上的浮船,使整条引张线浮动,待其静止后,再进行下一个测回的观测工作。各测回之间观测值互差的限差为 0.2mm。

为了使标尺分划与钢丝的像能在读数显微镜视场内同样清晰,观测前加水时,应调节浮船高度到使钢丝距标尺面 0.3～0.5mm。根据生产单位对引张线的大量观测资料进行统计分析的结果,三个测回观测平均值的中误差约为 0.03mm。可见,引张线测定水平位移的精度是较高的。

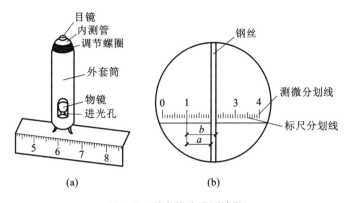

图 3-5 引张线法观测读数

三、激光准直法

随着激光技术的发展,出现了由激光光束建立基准面的基准线法,根据其测量偏离值的方法不同,有"激光经纬仪准直法"和"波带板激光准直法"两种。

1.激光经纬仪准直法

(1)作业原理

采用激光经纬仪准直时,活动觇牌法中的觇牌是由中心装有两个半圆的硅光电池组成的光电探测器。两个硅光电池各连接在检流表上,当激光束通过觇牌中心时,硅光电池左右两半圆上接收相同的激光能量,检流表指针在零位;反之,检流表指针就偏离零位,这时,移动光电探测器使检流表指针指零,即可在读数尺上读取读数。为了提高读数精度,通常利用游标卡尺可读到 0.1mm。当采用测微器时,可直接读到 0.01mm。

(2)作业方法

将激光经纬仪安置在端点 A 上,在另一端点 B 上安置光电探测器。将光电探测器的读数安置在零位上,调整经纬仪水平度盘微动螺旋,移动激光束的方向,使在 B 点的光电探测器的检流表指针指零。这时,基准面即已确定,经纬仪水平度盘就不能再动。依次在每个观测点处安置光电探测器,将望远镜的激光束投射到光电探测器上,移动光电探测器,使检流表指针指零,就可以读取每个观测点相对于基准面的偏离值。为了提高观测精度,在每一观测点上,探测器的探测需进行多次。

2.波带板激光准直法

(1)作业原理

波带板激光准直系统由三个部件组成:激光器点光源、波带板装置和光电探测器。用波带板激光准直系统进行准直测量,如图 3-6 所示。

(2)作业方法

在基准线两端点 A、B 分别安置激光器点光源和光电探测器。在需要测定偏离值的观测点 C 上安置波带板。当激光管点燃后,激光器点光源就会发射出一束激光,照满波带板,通过波带板上不同透光孔的绕射光波之间的相互干涉,就会在光源和波带板连线的延伸方向线上的某一位置形成一个亮点(采用图 3-7 所示的圆形波带板)或十字线(采用图 3-8 所示的方形波带板)。根据观测点的具体位置,对每一观测点可以设计专用的波带板,使所成的像正好落

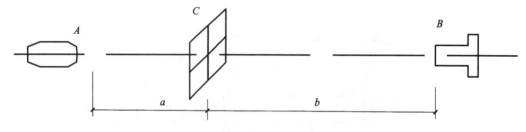

图 3-6　波带板激光准直测量示意图

在接收端点 B 的位置上。利用安置在 B 点的探测器，可以测出 AC 连线在 B 点处相对于基准面的偏离值 $\overline{BC'}$，则 C 点对基准面的偏离值为（图 3-9）：$l_C = \dfrac{s_C}{L}\overline{BC'}$。

图 3-7　圆形波带板

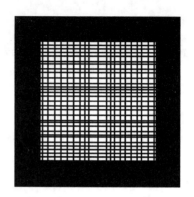

图 3-8　方形波带板

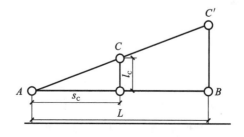

图 3-9　偏离值计算示意图

　　波带板激光准直系统中，在激光器点光源的小孔光阑后安置一个机械斩波器，使激光束成为交流调制光，这样即可大大削弱太阳光的干涉，可以在白天成功地进行观测。

　　尽管一些试验表明，激光经纬仪准直法在照准精度上可以比直接用经纬仪时提高 5 倍，但对于很长的基准线观测，外界影响（旁折光影响）已经成为提高精度的障碍，因而有的研究者建议将激光束包在真空管中以克服大气折光的影响。

任务2　前方交会法测量水平位移

【任务介绍】

　　前方交会法是利用两个已知点测定未知点的坐标的方法,包括测角交会法和测边交会法。本任务主要介绍测角交会法、测边交会法的测量原理与测量方法。

【学习目标】

　　①了解测角交会法、测边交会法的测量原理。

　　②掌握测角交会法、测边交会法的测量方法。

　　前方交会法是利用两个已知点测定未知点的坐标的方法,该方法观测方便,使用常规仪器便可进行,特别适用于作业人员难以到达的变形体的监测,如滑坡体、坝坡、塔顶、烟囱等,主要有测角交会法、测边交会法。

一、测角交会法

1.测量原理

　　前方交会法测量水平位移的原理如下:如图 3-10 所示,A、B 两点为工作基准点,P 为变形观测点,假设测得两水平夹角分别为 α 和 β,则由 A、B 两点的坐标值和水平角 α、β 可求得 P 点的坐标。

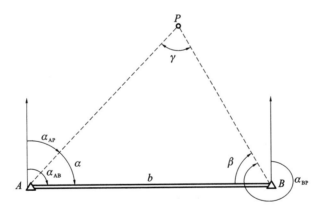

图 3-10　前方交会法测量原理

　　由图 3-10 可知:

$$x_P - x_A = D_{AP}\cos\alpha_{AP} = \frac{D_{AB}\sin\beta}{\sin(\alpha+\beta)}\cos(\alpha_{AB}-\alpha) \tag{3-5}$$

$$y_P - y_A = D_{AP}\sin\alpha_{AP} = \frac{D_{AB}\sin\beta}{\sin(\alpha+\beta)}\sin(\alpha_{AB}-\alpha) \tag{3-6}$$

　　其中 D_{AB}、α_{AB} 可由 A、B 两点的坐标值通过"坐标反算"求得,上述两式整理可得:

$$x_P = \frac{x_A\cot\beta + x_B\cot\alpha - y_A + y_B}{\cot\alpha + \cot\beta} \tag{3-7}$$

$$y_P = \frac{y_A\cot\beta + y_B\cot\alpha + x_A - x_B}{\cot\alpha + \cot\beta} \tag{3-8}$$

第一次观测时,假设测得两水平夹角分别为 α_1 和 β_1,由式(3-7)、式(3-8)求得 P 点坐标值为 (x_{P_1}, y_{P_1}),第二次观测时,假设测得的水平夹角分别为 α_2 和 β_2,则 P 点坐标值变为 (x_{P_2}, y_{P_2}),那么在两次变形观测期间,P 点的位移可按下式解算:

$$\Delta x_P = x_{P_2} - x_{P_1}, \Delta y_P = y_{P_2} - y_{P_1}$$

$$\Delta P = \sqrt{\Delta x_P^2 + \Delta y_P^2}$$

P 点的位移方向 $\alpha_{\Delta P}$ 为:

$$\alpha_{\Delta P} = \arctan \frac{\Delta y_P}{\Delta x_P}$$

2. 测量方法

图 3-11 所示为双曲线拱坝变形观测图。为精确测定 $B_1, B_2, \cdots, B_n$ 等观测点的水平位移,应完成以下几个操作步骤:

首先,在大坝的下游面合适位置处选定供变形观测用的两个工作基准点 E 和 F。为对工作基准点的稳定性进行检核,应根据地形条件和实际情况设置一定数量的检核基准点(如 C、D、G 等),并组成具有良好图形条件的网形,用于检核控制网中的工作基点(如 E、F 等)。

其次,各基准点上应建立永久性的观测墩,并且利用强制对中设备和专用的照准觇牌。对 E、F 两个工作基点,除满足上面的这些条件外,还必须满足以下条件:用测角交会法观测各变形观测点时,交会角 γ 不得小于 $30°$,且不得大于 $150°$。

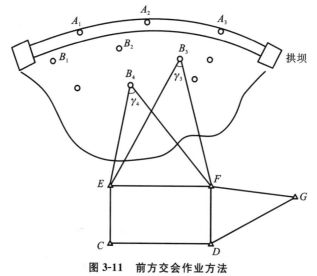

图 3-11　前方交会作业方法

再次,变形观测点应预先埋设好合适的、稳定的照准标志,标志的图形和式样设计应考虑使其在前方交会中观测方便、照准误差小。

最后,观测交会角 γ。在测角交会观测中,最好能在各观测周期由同一观测人员使用同一台仪器以同样的观测方法进行。

【例 3-1】 如图 3-12 所示,已知 $x_A = 2417.2145$ m,$y_A = 6324.2871$ m,$x_B = 2229.2866$ m,$y_B = 6509.9063$ m,$S_{AB} = 304.9321$ m。采用测角交会法进行测量,首次测量(角度)值:$\beta_1^0 = 60°31'25.5''$,$\beta_2^0 = 63°11'36.3''$;第 i 次测量(角度)值:$\beta_1^i = 60°31'29.8''$,$\beta_2^i = 63°11'41.3''$。试求第 i 次观测的位移值。

【解】 按式(3-7)、式(3-8)计算,首次观测时,P 点坐标值为:

$$x_P^0 = 2516.8708\mathrm{m}, y_P^0 = 6648.2877\mathrm{m}$$

同样按式(3-7)、式(3-8)计算,第 i 次观测时,P 点坐标值为:

$$x_P^i = 2516.8795\mathrm{m}, y_P^i = 6648.3004\mathrm{m}$$

所以,第 i 次观测的位移值为:

$$\Delta x_P = x_P^i - x_P^0 = 8.7\mathrm{mm}, \Delta y_P = y_P^i - y_P^0 = 12.7\mathrm{mm}$$

$$\Delta P = \sqrt{\Delta x_P^2 + \Delta y_P^2} = 15.4\mathrm{mm}$$

$$\alpha_{\Delta P} = \arctan\frac{\Delta y_P}{\Delta x_P} = 55°35'14''$$

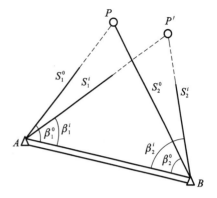

二、测边交会法

图 3-12　前方交会法例题图

1. 测量原理

随着高精度的光电测距仪在工程中的应用,大坝变形观测已经广泛利用测边交会法进行变形点的变形观测。测边交会法与测角交会法一样,具有布置灵活、简单的优点,而且在精度上有较大的提高。

如图 3-13 所示,A、B 为两个工作基点且 S_{AB} 已知,测边交会时,可在 A、B 两点上架设测距仪,测量出水平距离 a、b,根据余弦定理可得:

$$\cos\alpha = \frac{b^2 + S_{AB}^2 - a^2}{2bS_{AB}} \tag{3-9}$$

$$\cos\beta = \frac{a^2 + S_{AB}^2 - b^2}{2aS_{AB}} \tag{3-10}$$

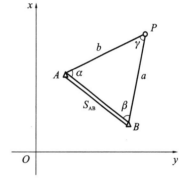

图 3-13　测边交会法测量原理

设方位角 α_{AB} 已知,那么:

$$x_P = x_A + b\cos(\alpha_{AB} - \alpha) = x_B + a\cos(\alpha_{BA} + \beta) \tag{3-11}$$

$$y_P = y_A + b\sin(\alpha_{AB} - \alpha) = y_B + a\sin(\alpha_{BA} + \beta) \tag{3-12}$$

2. 测量方法

图 3-11 所示为双曲线拱坝变形观测图。为精确测定 $B_1, B_2, \cdots, B_n$ 等观测点的水平位移,应完成以下几个操作步骤:

首先,在大坝的下游面合适位置处选定供变形观测用的两个工作基准点 E 和 F。为对工作基准点的稳定性进行检核,应根据地形条件和实际情况设置一定数量的检核基准点(如 C、D、G 等),并组成具有良好图形条件的网形,用于检核控制网中的工作基点(如 E、F 等)。

其次,各基准点上应建立永久性的观测墩,并且利用强制对中设备和专用的照准觇牌。

再次,变形观测点应预先埋设好合适的、稳定的照准标志,标志的图形和式样设计应考虑使其在前方交会中观测方便、照准误差小。

最后,观测基准点到变形监测点的距离。在测边交会观测中,最好能在各观测周期由同一观测人员使用同一台仪器以同样的观测方法进行。

经误差分析可知,测边交会精度的变化较小,即受图形结构的影响较小,而测角交会精度受图形结构的影响较大,所以测边交会在实际工作中使用价值更高些,并且精度相对于测角交会来讲更高些。此外,对某些特殊变形观测点,仅靠测角交会或者测边交会不能满足其精度要求时,可采用边角交会法(同时测量角度和距离),这样可以有效提高这些特殊观测点的测量精度。

三、前方交会法测量注意事项

(1)各期变形观测应采用相同的测量方法并固定测量仪器、测量人员;

(2)应对目标觇牌图案进行精心设计;

(3)采用测角交会法时,应注意交会角 γ 不得小于 $30°$,且不得大于 $150°$;

(4)仪器视线应离开建筑物一定距离(防止由于热辐射而造成旁折光影响);

(5)为提高测量精度,有条件的最好采用测边交会法。

【例 3-2】 如图 3-12 所示,起始数据同例 3-1。采用测边交会法进行测量,首次测量(边长)值 $S_1^0 = 327.2016\text{m}$,$S_2^0 = 319.1458\text{m}$;第 i 次测量(边长)值 $S_1^i = 327.2141\text{m}$,$S_2^i = 319.1598\text{m}$。试求第 i 次观测的位移值。

【解】 按式(3-11)和式(3-12)计算,首次观测时,P 点坐标值为:

$$x_P^0 = 2516.8708\text{m}, \quad y_P^0 = 6648.2877\text{m}$$

同样按式(3-11)和式(3-12)计算,第 i 次观测时,P 点坐标值为:

$$x_P^i = 2516.8808\text{m}, \quad y_P^i = 6648.2989\text{m}$$

所以,第 i 次观测的位移值为:

$$\Delta x_P = x_P^i - x_P^0 = 10.0\text{mm}, \quad \Delta y_P = y_P^i - y_P^0 = 11.2\text{mm}$$

$$\Delta P = \sqrt{\Delta x_P^2 + \Delta y_P^2} = 15.0\text{mm}$$

$$\alpha_{\Delta P} = \arctan\frac{\Delta y_P}{\Delta x_P} = 48°14'23''$$

任务 3　精密导线法测量水平位移

【任务介绍】

对于非直线形建(构)筑物,如重力拱坝、曲线形桥梁,在变形区域通过导线把一系列变形监测点连成折线,在变形监测点上设置测站,然后采用测边、测角方式来测定这些点的水平位置。与一般导线测量工作相比,由于变形测量是通过重复观测,由不同周期观测成果的差值而得到观测点的位移,因此,用于变形观测的精密导线在布设、观测及计算等方面都具有其自身的特点。本任务主要介绍精密导线的布设与观测方法。

【学习目标】

①了解精密导线的布设方法。

②掌握精密导线的观测方法。

一、导线的布设

应用于变形观测中的导线,是两端不测定向角的导线,可以在建筑物的适当位置(如重力拱坝的水平廊道中)布设,其边长根据现场的实际情况确定。导线端点的位移,在拱坝廊道内可用倒垂线来控制,在条件许可的情况下,其倒垂点可与坝外三角点组成适当的联系图形,定期进行观测以验证其稳定性。图 3-14 所示为在拱坝水平廊道内进行位移观测而采用的导线布置形式示意图。

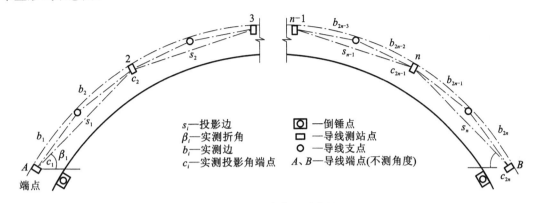

图 3-14　导线布设形式图

导线点上的装置,在保证建(构)筑物位移观测精度的情况下,应稳妥可靠,它由导线点装置(包括槽钢支架、特制滑轮拉力架、底盘、重锤和微型觇标等)及测线装置(为引张的铟瓦丝,其端头均有刻划,供读数用。固定铟瓦丝的装置越牢固,则其读数越方便,且读数精度越高)等组成,其布置形式如图 3-15(a)所示。图中微型觇标供观测时照准用,当测点要架设仪器时,微型觇标可取下。微型觇标顶部刻有中心标志供边长丈量时用,如图 3-15(b)所示。

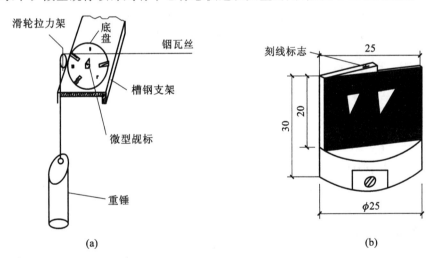

图 3-15　测线装置布置形式图

二、导线的观测

在拱坝廊道内,由于受条件限制,一般布设的导线边长较短,为减少导线点数,使边长较长,可由实测边长 b_i 计算投影边长 s_i(图 3-14)。应用特制的基线尺来测定两导线点间(即两微型觇标中心标志刻划间)的长度,即实测边长 b_i。为减少方位角的传算误差,提高测角精度,可采用隔点设站的办法,即实测转折角 β_i 和投影角 c_i。

三、导线的平差与位移值的计算

由于导线两端不测定向角 β_i、β_{n+1}(图 3-14),因此,导线点坐标计算相对要复杂一些。假设首次观测精密地测定了边长 $s_1, s_2, \cdots, s_n$ 与转折角 $\beta_2, \beta_3, \cdots, \beta_n$，则可根据无定向导线平差（有兴趣的读者可参看有关参考书），计算出各导线点的坐标作为基准值。以后各期观测各边边长 $s_1', s_2', \cdots, s_n'$ 及转折角 $\beta_2', \beta_3', \cdots, \beta_n'$，同样可以求得各点的坐标，各点的坐标变化值即为该点的位移值。值得注意的是，端点 A、B 同其他导线点一样，也是不稳定的，每期观测均要测定 A、B 两点的坐标变化值（δ_{x_A}、δ_{x_B}）

任务 4　裂　缝　监　测

【任务介绍】
　　本任务主要介绍裂缝监测的内容，裂缝观测点的布设及裂缝观测方法与周期。
【学习目标】
　　①了解工程建筑物裂缝监测的内容。
　　②掌握裂缝观测点的布设与观测方法。
　　③了解裂缝观测周期及裂缝观测后应提交的成果。

一、裂缝监测的内容

裂缝监测应测定建筑物上的裂缝分布位置，裂缝的走向、长度、宽度及其变化程度。观测的裂缝数量视需要而定，主要的或变化大的裂缝应进行观测。

二、裂缝观测点的布设

对需要观测的裂缝应统一进行编号。每条裂缝至少应布设两组观测标志：一组在裂缝最宽处；另一组在裂缝末端。每组标志由裂缝两侧各一个标志组成。

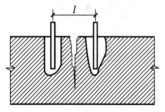

图 3-16　裂缝观测标志

裂缝观测标志，应具有可供量测的明晰端或中心，如图 3-16 所示。观测期较长时，可采用镶嵌式或埋入墙面的金属标志、金属杆标志或楔形板标志；观测期较短或要求不高时，可采用油漆平行线标志或用建筑胶粘贴的金属片标志。要求较高、需要测出裂缝纵、横向变化值时，可采用坐标方格网板标志。使用专用仪器设备观测的标志，可按具体要求另行设计。

三、裂缝观测方法

对于数量不多、易于量测的裂缝，可视标志形式不同，用比例尺、小钢尺或游标卡尺等工具定期量出标志间距离，求得裂缝变化值，或用方格网板定期读取"坐标差"计算裂缝变化值；对于面积较大且不便于人工量测的裂缝，宜采用近景摄影测量方法；当需连续监测裂缝变化时，还可采用裂缝计或传感器自动测记方法观测。

裂缝观测过程中，裂缝宽度数据应量取至 0.1mm，每次观测应绘出裂缝的位置、形态和尺寸，注明日期，附上必要的照片资料。

四、裂缝观测的周期

裂缝观测的周期应视裂缝变化速度而定。通常开始可半个月测一次,以后一个月左右测一次。当发现裂缝加大时,应增加观测次数,直至几天或逐日一次的连续观测。

五、提交成果

(1)裂缝分布位置图;

(2)裂缝观测成果表;

(3)观测成果分析说明资料;

(4)当建筑物裂缝和基础沉降同时观测时,可选择典型剖面绘制两者的关系曲线。

思考与练习题

1.水平位移监测控制网的布设形式有哪几种?

2.水平位移的测定方法有哪些?分别适合什么条件?

3.简述裂缝观测的内容及方法。

实训　水平位移监测

一、作业准备

1.实训任务

(1)水平位移观测点的布设。

(2)每组用全站仪进行建筑物水平位移观测。

2.实训场地

变形测量专用实训场或实训楼、教学楼。

3.仪器设备与已知数据

(2)仪器设备:每组 2″全站仪 1 台(套)、棱镜 1 对、计算器 1 个、手簿 1 本。

(3)已知数据:已知平面和高程控制网的起算数据。

4.实训目的

(1)掌握水平位移测量时,基点与观测点的设置要求。

(2)会用 2″全站仪进行水平位移测量和数据处理。

二、作业实施

1.作业要点

(1)水平位移观测点布设。

(2)水平位移观测。

(3)水平位移观测数据处理。

(4)水平位移观测示意图绘制。

2.作业流程

(1)由观测点起采用二等导线作业方法进行观测。

(2)每天观测 1 次。

三、技术要求

(1)依据规范:《建筑变形测量规范》(JGJ 8—2016)。

(2)仪器应严格对中、整平,气泡偏离不得超过 1 格,地面点标志不得超出圈外。

(3)每个工程至少应有 3 个稳固可靠的点作为基准点。

(4)每天观测时,在基本相同的环境和条件下施测,采用相同的仪器设备、观测路线和观测方法,并固定观测人员。

(5)最弱边相对中误差小于或等于 1/700000。

四、变形监测实训报告

　　　　姓名_____学号_____班级_____指导教师_____日期_____

[实训名称]

[目的与要求]

[仪器和工具]

[主要步骤]

[数据处理]

前方交会坐标计算手簿

点号	x(m)	角度(° ′ ″)		y(m)
A		α		
B		β		
P				
A		α		
B		β		
P				
A		α		
B		β		
P				
A		α		
B		β		
P				
A		α		
B		β		
P				
中数 x_P		中数 y_P		
计算与检核				

项目四 工业与民用建筑物变形监测

【项目概述】

本项目介绍了工程建筑物变形监测的基本知识,并对工程建筑物变形监测中的沉降监测、倾斜监测等的监测方法和监测技术进行了详细讲述,并介绍了工程建筑物变形监测项目的资料整理与分析。最后用某建筑物变形监测的实例说明了工程建筑物变形监测项目的各个关键环节。

任务 1 概　　述

【任务介绍】

由于各种因素的影响,工程建筑物及其设备在运营过程中都会产生变形。这种变形如果超过了规定的限度,就会影响建筑物的正常使用,严重时还会危及建筑物的安全。因此,在工程建筑物的施工和运营期间,必须对它们进行变形监测。本任务主要介绍工业与民用建筑物的各种变形监测。

【学习目标】

①了解工程建筑物变形产生的原因。
②掌握工程建筑物变形监测的内容。
③掌握变形监测的精度等级的确定。
④了解建筑物变形监测的频率。

一、工程建筑物变形产生的原因

一般来讲,建筑物变形主要是由两个方面的原因引起的:一是自然条件及其变化,即建筑物地基的工程地质、水文地质、土壤的物理性质、大气温度等;二是与建筑物本身相联系的原因,即建筑物本身的荷重,建筑物的结构、形式及动荷载(如风力、震动等)的作用。此外,由于勘测、设计、施工以及运营管理工作做得不合理,也会引起建筑物的变形。

二、工程建筑物变形监测的内容

建筑物变形监测的内容包括沉降监测、水平位移监测、倾斜监测、裂缝监测和挠度监测。

1. 建筑物沉降监测

建筑物的沉降是地基、基础和上部结构共同作用的结果。此项监测资料的积累是研究并解决地基沉降问题和改进地基设计的重要手段,同时,通过监测来分析相对沉降是否有差异,以监视建筑物的安全。

2. 建筑物水平位移监测

建筑物水平位移指建筑物整体平面移动,其产生原因主要是基础受到水平应力的影响,如地基处于滑坡地带或受地震影响。其监测目的是测定平面位置随时间变化的移动量,以监视建筑物的安全或采取加固措施。

3.建筑物倾斜监测

高大建筑物上部和基础的整体刚度较大,地基倾斜(差异沉降)即反映出上部主体的倾斜,其监测目的是验证地基沉降的差异和监视建筑物的安全。

4.建筑物裂缝监测

当建筑物基础局部产生不均匀沉降时,其墙体往往会出现裂缝。其监测目的是系统地进行裂缝变化监测,根据裂缝监测和沉降监测资料来分析变形的特征和原因,以采取措施保证建筑物的安全。

5.建筑物挠度监测

建筑物挠度监测是测定建筑物构件受力后的弯曲程度。对于平置的构件,在两端及中间设置沉降点进行沉降监测,根据测得的某时间段内这3点的沉降量计算其挠度;对于直立的构件,要设置上、中、下3个位移监测点进行位移监测,利用这3点的位移量可算出其挠度。

三、建筑物变形观测的精度等级

在建筑物的变形监测中,由于其监测内容主要是基础沉降和建筑物本身的倾斜,故其监测精度应根据建筑物的允许沉降值、允许倾斜度和允许相对弯矩来决定,同时也应考虑其沉降速度。建筑物的允许变形值大多是由设计单位提供的,测量单位可直接套用。《工程测量规范》(GB 50026—2020)规定了变形观测的等级划分及精度要求,见表 4-1。《建筑变形测量规范》(JGJ 8—2016)也规定了建筑物沉降观测的等级划分及其精度要求,见表 4-2。

表 4-1　变形观测的等级划分及精度要求

变形观测等级	沉降观测 观测点测站高差中误差(mm)	位移观测 观测点坐标中误差(mm)	主要适用范围
特级	±0.05	±0.3	特高精度要求的特种精密工程的变形测量
一级	±0.15	±1.0	地基基础设计为甲级的建筑的变形测量;重要的古建筑和特大型市政桥梁的变形测量等
二级	±0.5	±3.0	地基基础设计为甲、乙级的建筑的变形测量;场地滑坡测量;重要管线、大型市政桥梁的变形测量;地下工程施工及运营中的变形测量等
三级	±1.5	±10.0	地基基础设计为乙、丙级的建筑的变形测量;地表、道路及一般管线的变形测量;中小型市政桥梁的变形测量等

表 4-2　建筑物沉降观测的等级划分及其精度要求

变形观测等级	观测点测站高差中误差(mm)	适用范围
特级	±0.05	特高精度要求的特种精密工程和重要科研项目的变形观测
一级	±0.15	高精度要求的大型建筑物和科研项目的变形观测
二级	±0.50	中等精度要求的建筑物和科研项目的变形观测;重要建筑物主体的倾斜观测、场地的滑坡观测
三级	±1.50	低精度要求的建筑物的变形观测;一般建筑物主体的倾斜观测、场地的滑坡观测

注:①观测点测站高差中误差,系指几何水准测量测站高差中误差或静力水准测量相邻观测点相对高差中误差;

②沉降水准测量闭合差要求:一级小于 $0.3\sqrt{n}$ mm,二级小于 $1.0\sqrt{n}$ mm(其中 n 为测站数)。

从表 4-1 和表 4-2 可以看出,两种规范衡量精度的标准不一样,无论根据哪种规范,即使只需满足两种规范中最低等级的精度要求,建筑工程沉降监测也必须采用国家一、二等精密水准测量的方法。

四、变形观测精度等级的确定

对一个实际工程,变形测量的精度等级应先根据各类建(构)筑物的变形允许值按表 4-3 和表 4-4 的规定进行估算,然后按以下原则确定:

(1)当仅给定单一变形允许值时,应按所估算的观测点精度选择相应的精度等级;

(2)当给定多个同类型变形允许值时,应分别估算观测点精度,并应根据其中最高精度选择相应的精度等级;

(3)当估算出的观测点精度低于表 4-1 中三级精度的要求时,宜采用三级精度;

(4)对于未规定或难以规定变形允许值的观测项目,可根据设计、施工的原则与要求,参考同类或类似项目的经验,对照表 4-1 的规定,选取适宜的精度等级。

表 4-3　最终沉降量观测中误差的要求

序号	观测项目或观测目的	观测中误差的要求
1	绝对沉降(如沉降量、平均沉降量等)	①对于一般精度要求的工程,可按低、中、高压缩性地基土的类别,分别选士$\pm0.5mm$、$\pm1.0mm$、$\pm2.5mm$; ②对于特高精度要求的工程,可按地基条件结合经验与分析具体确定
2	(1)相对沉降(沉降差、基础倾斜、局部倾斜等); (2)局部地基沉降(如基坑回弹、地基土分层沉降)及膨胀土地基变形	不应超过其变形允许值的 1/20
3	建筑物整体性变形(如工程设施的整体垂直挠曲等)	不应超过允许垂直偏差的 1/10
4	结构段变形(如平置构件挠度等)	不应超过其变形允许值的 1/6
5	科研项目变形量的观测	可视所需提高观测精度的程度,将上列各项观测中误差乘以 1/5~1/2 的系数后采用

表 4-4　工程建筑物的地基变形允许值

变形特征	地基土类别	
	中、低压缩性土	高压缩性土
砌体承重结构基础的局部倾斜	0.002	0.003
工业与民用建筑相邻柱基的沉降差: (1)框架结构 (2)砌体墙填充的边排柱 (3)当基础产生不均匀沉降时不产生附加应力的结构	$0.002l$ $0.0007l$ $0.005l$	$0.003l$ $0.001l$ $0.005l$
单层排架(结构柱距为 6m)柱基的沉降量(mm)	(120)	200
桥式吊车轨面的倾斜(按不调整轨道考虑) 　纵向 　横向	0.004 0.003	

变形特征	地基土类别	
	中、低压缩性土	高压缩性土
多层和高层建筑的整体倾斜 $H_g \leqslant 24$	0.004	
$24 < H_g \leqslant 60$	0.003	
$60 < H_g \leqslant 100$	0.0025	
$H_g > 100$	0.002	
体形简单的高层建筑基础的平均沉降量(mm)	200	
高耸结构基础的倾斜 $H_g \leqslant 20$	0.008	
$20 < H_g \leqslant 50$	0.006	
$50 < H_g \leqslant 100$	0.005	
$100 < H_g \leqslant 150$	0.004	
$150 < H_g \leqslant 200$	0.003	
$200 < H_g \leqslant 250$	0.002	
高耸结构基础的沉降量(mm) $H_g \leqslant 100$	400	
$100 < H_g \leqslant 200$	300	
$200 < H_g \leqslant 250$	200	

注：①本表数值为建筑物地基实际最终变形允许值；
②有括号者仅适用于中压缩性土；
③l 为相邻柱基的中心距离(mm)，H_g 为自室外地面起算的建筑物高度(m)；
④倾斜指基础倾斜方向两端点的沉降差与其距离的比值；
⑤局部倾斜指砌体承重结构沿纵向 6~10m 内基础两点的沉降差与其距离的比值。

五、建筑物变形观测的频率

在施工过程中，建筑物变形观测的频率应大些，一般有三天、七天、半个月三种周期，到了竣工投产以后，频率可小一些，一般有一个月、两个月、三个月、半年及一年等不同的周期。在施工期间也可以按荷载增加的过程进行观测，即从观测点埋设稳定后进行第一次观测，当荷载增加到 25％时观测 1 次，以后每增加 15％观测 1 次。竣工后，一般第一年观测 4 次，第二年观测 2 次，以后每年 1 次。在掌握了一定的规律或者变形稳定后，可减少观测次数。这种根据日历计划（或荷载增加量）进行的变形观测称为正常情况下的系统观测。

当建筑变形观测中发生下列情况之一时，必须立即报告委托方，同时应及时增加观测次数或调整变形测量方案：

①变形量或变形速率出现异常变化；

②变形量达到或超出预警值；

③周边或开挖面出现塌陷，滑坡；

④建筑本身、周边建筑及地表出现异常；

⑤由于地震、暴雨、冻融等自然灾害引起的其他变形异常情况。

任务2　建筑基础沉降监测

【任务介绍】

　　建筑物在施工期间及竣工后,由于自然条件(即建筑物地基的工程地质、水文地质、大气温度、土壤的物理性质等)的变化,以及建筑物本身的荷重、结构、形式和动荷载的作用,建筑物会产生均匀或不均匀的沉降,尤其是不均匀沉降将导致建筑物开裂、倾斜甚至倒塌。建筑物沉降监测是通过采用相关等级及精度要求的水准仪,通过在建筑物上所设置的若干监测点,定期观测监测点相对于建筑物附近的水准点的高差随时间的变化量,获得建筑物实际沉降的变化或变形趋势,并判定沉降是否进入稳定期和是否存在不均匀沉降。

【学习目标】

　　①了解沉降监测的基本知识。

　　②了解沉降变形观测的精度和周期。

　　③掌握沉降观测高程基准点和观测点的布设和测量。

　　④掌握沉降监测的方法和要求。

一、沉降监测的基本知识

1. 沉降监测的目的及原理

沉降监测的目的及原理详见项目二任务1。

2. 沉降变形观测精度

(1)地基基础设计为甲级的建筑物及有特殊要求的建筑物的沉降观测,应根据表4-3规定的建筑物地基变形允许值,按式(4-1)或式(4-2)估算观测点测站高差中误差 μ 后,按下列原则确定精度级别:

$$\mu = m_s / \sqrt{2Q_H} \tag{4-1}$$

$$\mu = m_{\Delta s} / \sqrt{2Q_h} \tag{4-2}$$

式中　　m_s——沉降量 s 的观测中误差(mm);

　　　　$m_{\Delta s}$——沉降差 Δs 的观测中误差(mm);

　　　　Q_H——网中最弱观测点高程(H)的权重数;

　　　　Q_h——网中待求观测点间高差(h)的权重数。

　　①当仅给定单一变形允许值时,应按所估算的观测点精度选择相应的精度等级;

　　②当给定多个同类型变形允许值时,应分别估算观测点精度,并应根据其中最高精度选择相应的精度等级;

　　③当估算出的观测点精度低于表4-1中三级精度的要求时,应采用三级精度。

(2)对于未规定或难以规定变形允许值的观测项目,可根据设计、施工的原则与要求,参考同类或类似项目的经验,对照表4-1的规定,选择适合的精度等级。

(3)当需要采用特级精度时,应对作业过程和方法作出专门的设计和论证后实施。

3.沉降变形观测的周期

(1)建筑物施工阶段的观测,应随施工进度及时进行。一般建筑物,可在基础完工后或地下室砌完后开始观测;大型、高层建筑物,可在基础垫层或基础底部完成后开始观测。观测次数与间隔时间应视地基与加荷情况而定。民用高层建筑可每加高 1~5 层观测 1 次;工业建筑可按不同施工阶段(如回填基坑、安装柱子和屋架、砌筑墙体、安装设备等)分别进行观测。如建筑物均匀增高,应至少在荷载增加到 25%、50%、75% 和 100% 时各测一次。施工过程中如暂时停工,在停工时及重新开工时应各观测 1 次。停工期间,可每隔 2~3 个月观测 1 次。

(2)建筑物使用阶段的观测次数,应视地基土类型和沉降速度大小而定。除有特殊要求者外,一般情况下,可在第一年观测 3~4 次,第二年观测 2~3 次,第三年及以后每年观测 1 次,直至稳定为止。

(3)在观测过程中,如有基础附近地面荷载骤然增减、基础四周大量积水、长时间连续降雨等情况,均应及时增加观测次数。当建筑物突然发生大量沉降、不均匀沉降或严重裂缝时,应立即进行逐日或两至三天 1 次的连续观测。

二、沉降观测高程基准点的布设和测量

1.高程基准点的布设要求

(1)建筑物沉降观测应设置基准点,当基准点离所测建筑物距离较远时还可加设工作基点。对特级沉降观测的建筑物,其基准点数不应少于 4 个,其他级别沉降观测的基准点数不应少于 3 个,工作基点可根据需要设置。基准点和工作基点应形成闭合环或形成由附合路线构成的结点网。

(2)基准点应设置在位置稳定、易于长期保存的地方,并应定期复测。基准点在建筑施工过程中 1~2 个月复测 1 次,稳定后每季度或每半年复测 1 次。当观测点测量成果出现异常,或测区受到地震、洪水、爆破等外界因素影响时,需及时进行复测,并对其稳定性进行分析。

(3)基准点的标石应埋设在基岩层或原状土层中,在建筑区内,点位与邻近建筑物的距离应大于建筑物基础最大宽度的 2 倍,标石埋深应大于邻近建筑物基础的深度;在建筑物内部的点位,标石埋深应大于地基土压缩层的深度。

(4)基准点和工作基点应避开交通干道、地下管线、仓库、水源地、河岸、松软填土、滑坡地段、机器振动区以及其他可能易使标石、标志遭腐蚀和破坏的地方。

2.高程基准点的测量要求

(1)高程控制测量宜使用水准测量方法。对于二、三级沉降观测的高程控制测量,如不方便使用水准测量时,可使用电磁波测距三角高程的测量方法。

(2)几何水准测量的技术要求详见表 2-1、表 2-2、表 2-3。

三、沉降观测点的布置方法与要求

1.沉降观测点的布置

沉降观测点的位置以能全面反映建筑物地基变形特征,并结合地质情况及建筑物结构特点来确定,点位宜选设在下列位置:

(1)建筑物的四角、核心筒四角、大转角处及沿外墙每 10~15m 处或每隔 2~3 根柱基上。

(2)高低层建筑物、新旧建筑物、纵横墙等交接处的两侧。

(3)建筑物裂缝、后浇带和沉降缝两侧,基础埋深相差悬殊处,人工地基与天然地基接壤

处,不同结构的分界处及填挖方分界处。

(4)宽度大于或等于15m,或小于15m而地质复杂以及膨胀土地区的建筑物,在承重内隔墙中部设内墙点,在室内地面中心及四周设地面点。

(5)邻近堆置重物处、受震动有显著影响的部位及基础下的暗浜(沟)处。

(6)框架结构建筑物的每个或部分柱基上或沿纵横轴线设点。

(7)片筏基础、箱形基础底板或接近基础的结构部分的四角处及其中部位置。

(8)重型设备基础和动力设备基础的四角、基础形式或埋深改变处,以及地质条件变化处两侧。

(9)电视塔、烟囱、水塔、油罐、炼油塔、高炉等高耸建筑物,沿周边在与基础轴线相交的对称位置上布点,点数不少于4个。

2.沉降观测标志的形式与埋设要求

沉降观测标志可根据不同的建筑结构类型和建筑材料,采用墙(柱)标志、基础标志和隐蔽式标志(用于宾馆等高级建筑物)等形式。各类标志的立尺部位应加工成半球状或有明显的凸出点,并涂上防腐剂。

标志的埋设位置应避开如雨水管、窗台线、暖气片、暖水管、电气设备开关等有碍设标与观测的障碍物,并应视立尺需要离开墙(柱)面和地面一定距离。隐蔽式沉降观测点标志的形式,可按图4-1、图4-2、图4-3所示规格埋设。

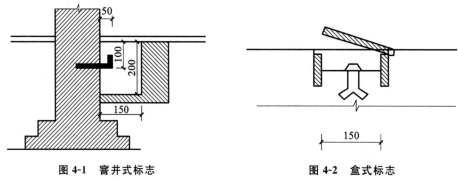

<table>
<tr><td>**图 4-1　窨井式标志**
(适用于在建筑物内部埋设,单位:mm)</td><td>**图 4-2　盒式标志**
(适用于在设备基础上埋设,单位:mm)</td></tr>
</table>

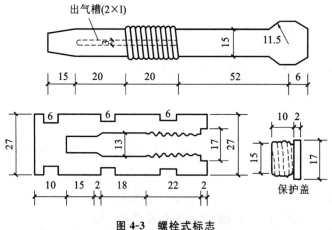

图 4-3　螺栓式标志

(适用于在墙体上埋设,单位:mm)

四、沉降观测方法与观测要求

（1）作业中应遵守的规定：观测应在成像清晰、稳定时进行；仪器离前后视水准尺的距离应力求相等，且不大于50m；前后视观测，应使用同一把水准尺；经常对水准仪及水准标尺的水准器和 i 角进行检查。当发现观测成果出现异常情况并认为与仪器有关时，应及时进行检验与校正。

（2）为保证沉降观测成果的正确性，在沉降观测中应做到"五固定"：即定水准点，定水准路线，定观测方法，定仪器，定观测人员。

（3）首次观测值是计算沉降的起始值，操作时应特别认真、仔细，并应连续观测两次取其算术平均值，以保证观测成果的精确度和可靠性。

（4）每测段往测与返测的测站数均应为偶数，否则应加入标尺零点差改正。由往测转向返测时，两标尺应互换位置，并应重新整置仪器。在同一测站上观测时，不得两次调焦。转动仪器的倾斜螺旋和测微鼓时，其最后旋转方向均应为旋进。

（5）每次观测均需采用环形闭合方法或往返闭合方法当场进行检查。其闭合差应在允许闭合差范围内。

（6）在限差允许范围内的观测成果，其闭合差按测站数进行分配，并计算高程。

五、观测成果与结果判定

1. 观测成果

观测工作结束后，应提交下列成果：

（1）沉降观测成果表；

（2）沉降观测点位分布图；

（3）工程平面位置图及基准点分布图；

（4） $p\text{-}t\text{-}s$（荷载-时间-沉降量）曲线图（视需要提交）；

（5）建筑物等沉降曲线图（如观测点数量较少可不提交）；

（6）沉降观测分析报告。

2. 结果判定

根据沉降量与时间关系曲线判定沉降是否进入稳定阶段。对重点观测和科研观测工程，若最后三个周期观测中，每周期沉降量不大于 $2\sqrt{2}$ 倍测量中误差，则可认为已进入稳定阶段；对于一般观测工程，若最后100d的沉降速率小于 $0.01\sim0.04$ mm/d，则可认为已进入稳定阶段，具体取值宜根据各地区地基土的压缩性确定。

任务 3　建筑物的倾斜监测

【任务介绍】

　　建筑物产生倾斜的原因主要是地基承载力的不均匀,建筑物体形复杂形成不同荷载及受外力风荷载、地震等影响引起建筑物基础的不均匀沉降。测定建筑物倾斜度随时间而变化的工作叫倾斜监测。直接测定倾斜的方法包括直接投点法、经纬仪投影法、测水平角法、前方交会法、吊垂球法等,其中吊垂球法多用于基础面积较小的超高建筑物,如电视塔、烟囱、高桥墩、高层楼房等。间接测定倾斜的方法包括倾斜仪测记法、液体静力水准测量法等。

【学习目标】

　　①了解观测点的布设与要求。
　　②了解建筑物主体倾斜观测的精度要求。
　　③掌握建筑物倾斜观测的方法与要求。
　　④会对倾斜监测的成果进行分析。

一、观测点的布设与要求

1.建筑物主体倾斜观测点位的布设与基本要求

　　(1)当从建筑物外部观测时,测站点的点位应选在与倾斜方向成正交的方向线上,且距照准目标 1.5～2.0 倍目标高度的固定位置。当利用建筑物内部竖向通道观测时,可将通道底部中心点作为测站点。

　　(2)对于整体倾斜,观测点及底部固定点应沿着对应测站点的建筑物主体竖直线,在顶部和底部上下对应布设;对于分层倾斜,应按分层部位上下对应布设。

　　(3)按前方交会法布设的测站点,基线端点的选设应顾及测距或长度丈量的要求。按测角交会法布设的测站点,应设置好定向点。

2.建筑物主体倾斜观测点位的标志设置与基本要求

　　(1)建筑物顶部和墙体上的观测点标志,可采用埋入式照准标志形式。有特殊要求时,应专门设计。

　　(2)不便埋设标志的塔形、圆形建筑物以及竖直构件,可以照准视线所切同高边缘认定的位置或用高度角控制的位置作为观测点位。

　　(3)位于地面的测站点和定向点,可根据不同的观测要求,采用带有强制对中设备的观测墩或混凝土标石。

　　(4)对于一次性倾斜观测项目,观测点标志可采用标记形式或直接利用符合位置与照准要求的建筑物特征部位;测站点可采用小标石或临时性标志。

3.建筑物主体倾斜观测的精度要求

　　(1)如果是通过测量建筑物顶点相对于底点的水平位移来确定建筑物的主体倾斜,则可根据给定的倾斜允许量和建筑物整体性变形观测中误差不应超过其变形允许值分量的 1/10 的要求,确定最终位移量观测中误差;再根据式(4-1)或式(4-2)估算单位权中误差 μ;最后根据表 4-1 的规定选择位移测量的精度等级。

(2)如果建筑物具有足够的整体结构刚度,则可通过测量建筑物基础差异沉降来测量建筑物的整体倾斜,先根据表 4-3 确定最终沉降量观测中误差,再根据表 4-2 的规定选择高程测量的精度等级。

二、观测方法与观测要求

1.建筑物主体倾斜观测的方法

(1)直接测定法

①直接投点法。此法是测量建筑物上部倾斜的最简单的方法,适合于内部有通道的建筑物。从上部挂下垂球,根据上、下应在同一位置上的点,直接测定其水平位移值 Δ,再根据下式计算倾斜度:

$$\alpha = \frac{\Delta}{H}(弧度) = \frac{\Delta}{H} \cdot \frac{180°}{\pi}(度) \tag{4-3}$$

式中　Δ——水平位移量;

　　　　H——建筑物高度;

　　　　α——建筑物倾斜度。

②经纬仪投影法。观测时,应在底部观测点位置安置量测设施(如水平读数尺等)。在每测站安置经纬仪投影时,应按正倒镜法以所测每对上、下观测点标志间的水平位移分量,按矢量相加法求得水平位移值(倾斜量)和位移方向(倾斜方向)。经纬仪的位置要求设置在离建筑物较远的地方(距离最好大于 1.5 倍建筑物的高度),以减少仪器纵轴不垂直的影响。

③测水平角法。对塔形、圆形建筑物或构件,每测站的观测应以定向点作为零方向,以所测各观测点的方向值和至底部中心的距离,计算顶部中心相对底部中心的水平位移分量。对矩形建筑,可在每测站直接观测顶部观测点与底部观测点之间的夹角或上层观测点与下层观测点之间的夹角,以所测角值与距离值计算整体的或分层的水平位移分量和位移方向。

以烟囱为例,为精确测定中心倾斜进而确定其整体倾斜情况,可在离烟囱高 1.5~2.0 倍远处,且能观测到烟囱勒角部分处互相垂直的两个方向上选定两个测站,并做好固定标志。在烟囱上标出作为观测用的标志点 1、2、3、4(或观测特征点),再选定一个远方的不动点作为零方向。如图 4-4 所示,测站 1 以 M_1 为零方向,依次测出各标志点的方向值,并计算上部中心的方向 $a = \dfrac{(2)+(3)}{2}$ 和勒角部分中心的方向 $b = \dfrac{(1)+(4)}{2}$。再通过测量测站 1 到烟囱中心的水平距离 L_1,即可计算出倾斜分量 $a_1 = L_1(b-a)$。

然后移站到测站 2,以 M_2 为零方向,依次观测各标志点的方向值,计算另一个方向烟囱上部中心

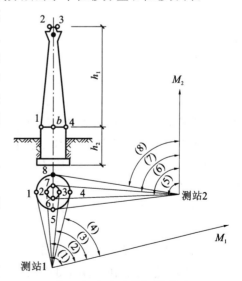

图 4-4　烟囱主体倾斜观测

的方向 $a' = \dfrac{(6)+(7)}{2}$ 和烟囱勒角部分中心的方向 $b' = \dfrac{(5)+(8)}{2}$。再通过测量测站 2 至烟囱中心的水平距离，即 L_2，计算出倾斜分量 $a_2 = L_2(b'-a')$。用矢量相加的方法，可求得烟囱上部相对于勒角部分的倾斜值和倾斜方向，进而计算出烟囱的倾斜度。对于烟囱等高耸构筑物，往往在测定其倾斜度的同时，在其下部还均匀布设不少于 4 个的沉降观测点以观测其沉降情况，同倾斜现象一起进行研究分析。

④前方交会法。所选基线应与观测点组成最佳构形，交会角宜在 $60°\sim120°$ 之间。水平位移计算，既可采用直接由两周期观测方向值之差解算坐标变化量的方向差交会法，又可采用按每周期观测方向值计算观测点坐标值，再以坐标差计算水平位移的方法。

⑤吊垂球法。应在顶部或需要的高度处观测点位置上，直接或支出一点悬挂适当质量的垂球，在垂线下的底部固定读数设备（如毫米格网读数板），直接读取或量出上部观测点相对底部观测点的水平位移量和位移方向。

⑥激光铅直仪观测法。应在顶部适当位置安置接收靶，在其垂线下的地面或地板上安置激光铅直仪或激光经纬仪，按一定周期进行观测，在接收靶上直接读取或量出顶部的水平位移量和位移方向。作业中仪器应严格置平、对中，应旋转 $180°$ 观测两次取其中数。对超高层建筑，当仪器设在楼体内部时，应考虑大气湍流影响。

⑦激光位移计自动记录法。位移计宜安置在建筑物底层或地下室地板上，接收装置可设在顶层或需要观测的楼层，激光通道可利用未使用的电梯井或楼梯间隔，测试室宜选在靠近顶部的楼层内。当位移计发射激光时，从测试室的光线示波器上可直接获取位移图像及有关参数，并自动记录成果。

⑧正锤线法。锤线宜选用直径 $0.6\sim1.2\mathrm{mm}$ 的不锈钢丝，上端可锚固在通道顶部或需要高度处所设的支点上。稳定重锤的油箱中应装有黏性小、不冰冻的液体。观测时，由底部观测墩上安置的量测设备（如坐标仪、光学垂线仪、电感式垂线仪），按一定周期测出各测点的水平位移量。

⑨摄影测量法。当建筑物立面上观测点数量较多或倾斜变形比较明显时，也可采用近景摄影测量方法。

（2）间接测定法

按相对沉降间接确定建筑物整体倾斜时，所测建筑物应具有足够的整体结构刚度。可选用下列方法：

①倾斜仪测记法。采用的倾斜仪（如水管式倾斜仪、水平摆倾斜仪、气泡倾斜仪或电子倾斜仪）应具有连续读数、自动记录和数据传输的功能。监测建筑物上部层面倾斜时，仪器可安置在建筑物基础面上，以所测楼层或基础面的水平角变化值来反映和分析建筑物倾斜的变化程度。

②液体静力水准测量法。用液体静力水准测量方法测定倾斜的实质是利用液体静力水准仪（相联结的两容器中盛有均匀液体时，液体的表面处于同一水平面上，利用两容器内液面的读数可求得两观测点间的高差）测定两点的高差，其与两点间距离之比，即为倾斜度。要测定建筑物倾斜度的变化，可进行周期性的观测。这种仪器不受距离限制，并且距离愈长，测定倾斜度的精度愈高。

2.建筑物主体倾斜观测的周期

（1）主体倾斜观测的周期，可视倾斜速率每 $1\sim3$ 个月观测一次。如遇基础附近因大量堆载或卸载、场地降雨长期积水等而导致倾斜速率加快时，应及时增加观测次数。

（2）施工期间的观测周期，应随施工进度并结合实际情况确定。一般建筑物，可在基础完工后或地下室砌完后开始观测；大型、高层建筑物，可在基础垫层或基础底部完成后开始观测。观测次数与间隔时间应视地基与加荷情况而定。民用高层建筑可每加高 1～5 层观测一次；工业建筑可按不同施工阶段（如回填基坑、安装柱子和屋架、砌筑墙体、设备安装等）分别进行观测。如建筑物均匀增高，应至少在荷载增加到 25%、50%、75% 和 100% 时各测一次。施工过程中如暂时停工，在停工时及重新开工时应各观测一次。停工期间，可每隔 2～3 个月观测一次。

三、观测成果与成果分析

1. 观测成果

倾斜观测工作结束后，应提交下列成果：

（1）倾斜观测点位布置图；

（2）观测成果表、成果图；

（3）主体倾斜曲线图；

（4）观测成果分析资料。

2. 成果分析

建筑物主体倾斜观测结果须小于倾斜容许值。建筑物主体倾斜的容许值见表 4-5。

表 4-5　建筑物主体倾斜的容许值

多层和高层建筑的整体倾斜		高耸结构基础的倾斜	
建筑物高度（m）	倾斜允许值	建筑物高度（m）	倾斜允许值
$H_g \leqslant 24$	0.004	$H_g \leqslant 20$	0.008
$24 < H_g \leqslant 60$	0.003	$20 < H_g \leqslant 50$	0.006
$60 < H_g \leqslant 100$	0.0025	$50 < H_g \leqslant 100$	0.005
$H_g > 100$	0.002	$100 < H_g \leqslant 150$	0.004
		$150 < H_g \leqslant 200$	0.003
		$200 < H_g \leqslant 250$	0.002

【案例】　　　　　　　　建筑物沉降观测实例

一、工程概况

某住宅楼为三层结构，施工期间需对该楼进行 6 次沉降观测，布设沉降观测点共 6 个，具体点位布置见图 4-5。

二、观测方法

此次沉降观测采用仪器两次测高法进行观测；现场观测时，整个观测路线为一闭合回路；受现场条件限制时，可使用适当的转点进行观测。

三、成果整理

每次观测结束后，应及时计算出各个测点的相对高程，同时计算出各个测点的本次沉降量和累计沉降量。计算公式如下：

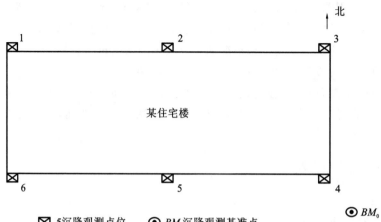

图 4-5　某住宅楼沉降观测点布设示意图

本次沉降＝本次高程－上次高程

累计沉降＝本次高程－首次高程

沉降观测汇总结果见表 4-6。

表 4-6　沉降观测成果表

| 观测点 | 第 1 次 | | 第 2 次 | | 第 3 次 | | 第 4 次 | | 第 5 次 | | 第 6 次 | |
| | 沉降量(mm) | | 沉降量(mm) | | 沉降量(mm) | | 沉降量(mm) | | 沉降量(mm) | | 沉降量(mm) | |
	本次	累计	本次	累计	本次	累计	本次	累计	本次	累计	本次	累计
1	0.00	0.00	2.08	2.08	2.03	4.11	1.65	5.76	0.83	6.59	0.35	6.94
2	0.00	0.00	1.57	1.57	2.51	4.08	1.47	5.55	0.69	6.24	0.22	6.46
3	0.00	0.00	1.83	1.83	2.55	4.38	1.61	5.99	0.63	6.62	0.20	6.82
4	0.00	0.00	1.36	1.36	2.76	4.12	2.12	6.24	0.75	6.99	0.31	7.30
5	0.00	0.00	1.51	1.51	2.15	3.66	1.90	5.56	0.58	6.14	0.27	6.41
6	0.00	0.00	1.70	1.70	1.91	3.61	1.82	5.43	0.60	6.03	0.16	6.19

四、成果分析

1. 沉降量-时间曲线图(s-t)

取 $1^{\#}$ 测点、$2^{\#}$ 测点、$4^{\#}$ 测点、$6^{\#}$ 测点为例,沉降量-时间曲线图如图 4-6 所示。

2. 沉降速率-时间曲线图(v-t)

取 $1^{\#}$ 测点、$2^{\#}$ 测点、$4^{\#}$ 测点、$6^{\#}$ 测点为例,沉降速率-时间曲线图如图 4-7 所示。

mh 沉降观测成果可知,自 2005 年 3 月 1 日至 2005 年 5 月 16 日,该楼的平均沉降量为 6.69mm,最大沉降量为 $4^{\#}$ 测点 7.30mm,最小沉降量为 $6^{\#}$ 测点 6.19mm。最近一次平均沉降速率为 0.0168mm/d,其中最近一次最大沉降速率为 $1^{\#}$ 测点,最大值为 0.0233mm/d。

五、沉降观测中常遇到的问题及其处理

1. 曲线在首次观测后即发生回升现象

在第二次观测时即发现曲线上升,至第三次后,曲线又逐渐下降。发生此种现象,一般都是首次观测成果存在较大误差所引起的。此时,如周期较短,可将第一次观测成果作废,而采

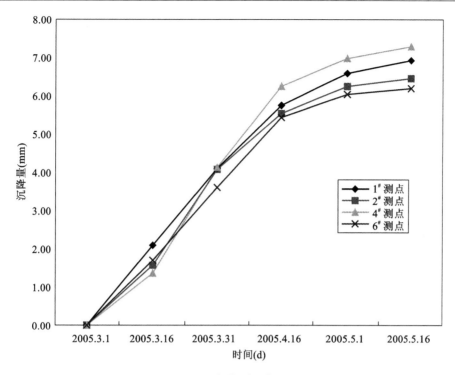

图 4-6　沉降量-时间曲线图

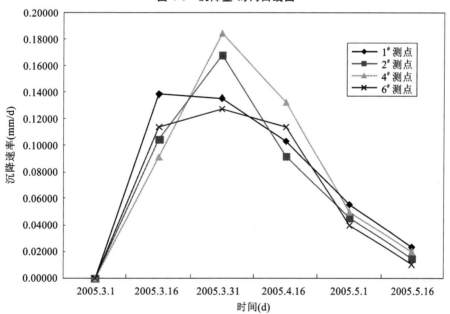

图 4-7　沉降速率-时间曲线图

用第二次观测成果作为首测成果。因此,为避免发生此类现象,首次观测应适当提高测量精度,认真施测,或进行两次观测,以资比较,确保首次观测成果可靠。

2. 曲线在中间某点突然回升

发生此种现象的原因,多半是水准基点或沉降观测点被碰所致,如水准基点被压低,或沉降观测点被撬高,此时,应仔细检查水准基点和沉降观测点的外形有无损伤。如果众多沉降观测点出现此种现象,则水准基点被压低的可能性很大,此时可改用其他水准点作为水准基点来继续观测,并再埋设新水准点,以保证水准点个数不少于 3 个;如果只有一个沉降观测点出现此种现象,则多半是该点被撬高(如果采用隐蔽式沉降观测点,则不会发生此现象);如观测点被撬后已松动,则需另行埋设新点,若点位尚牢固,则可继续使用,对于该点的沉降量计算,则应进行合理处理。

3.曲线自某点起渐渐回升

产生此种现象一般是水准基点下沉所致。此时,应根据水准点之间的高差来判断出最稳定的水准点,以此作为新水准基点,将原来下沉的水准基点废除。另外,埋在裙楼上的沉降观测点,由于受主楼的影响,有可能会出现属于正常情况的渐渐回升现象。

4.曲线的波浪起伏现象

曲线在后期呈现微小波浪起伏现象,一般是测量误差所造成的。曲线在前期波浪起伏之所以不突出,是下沉量大于测量误差之故;但到后期,由于建筑物下沉极微或已接近稳定,因此,在曲线上就出现测量误差比较突出的现象。此时,可将波浪曲线改为水平线。后期测量宜提高测量精度等级,并适当地延长观测的间隔时间。

思考与练习题

1.工程建筑物变形监测的内容有哪些?

2.建筑物沉降监测点的布设有哪些基本要求?

3.建筑物沉降监测的监测方法有哪些?

4.建筑物水平位移监测的监测方法有哪些?

5.建筑物倾斜监测的监测方法有哪些?

6.建筑物变形监测报告的内容有哪些?

实训　建筑物倾斜监测

一、作业任务

1.建筑物倾斜监测基准点、监测点的布设。

2.建筑物倾斜监测作业方法、作业步骤、限差要求。

3.每组使用全站仪观测一个建筑物倾斜。

二、仪器设备

1.全站仪 1 台。

2.记录手簿。

3.计算器 1 个。

三、实训目的

1.掌握建筑物倾斜监测基准点、监测点的布设方法与要求。

2.掌握建筑物倾斜监测直接测定法作业程序。

3.掌握建筑物倾斜监测限差要求。

4.掌握建筑物倾斜监测记录方法。

5.掌握建筑物倾斜度、倾斜量、倾斜方向的计算方法。

四、作业方法

1.基准点布设。

2.监测点的布设。

3.全站仪直接投点。

4.倾斜量度、倾斜度、倾斜方向计算。

五、技术要求

1.作业依据:《建筑变形测量规范》(JGJ 8—2016)。

2.仪器严格整平,气泡要居中。

3.基准点布设在稳固牢靠的地方,原则上不少于 3 个。

4.沉降观测要"3 固定"。

5.测站限差、往返较差、路线闭合差符合规范要求。

建筑物倾斜监测实训报告

姓名_____学号_____班级_____指导教师_____日期_____

[实训名称]

[目的与要求]

[仪器和工具]

[主要步骤]

[数据处理]

(1)实训成果

倾斜观测工作结束后,应提交下列成果:

①倾斜观测点位布设图;

②观测成果表;

③建筑物主体倾斜曲线图;

④观测成果资料分析。

项目五 基坑工程施工监测

【项目概述】

基坑工程施工监测是在基坑开挖施工期间,对基坑及其周边土体进行监测,预警并防范过大位移、变形等导致的工程事故的发生,通过监测指导施工,实现整个基坑工程的信息化施工管理并为优化设计提供依据,做到成果可靠、技术先进、经济合理,确保建筑物基坑工程施工过程的安全。基坑工程施工监测是工程测量的重要内容,也是建筑物特别是高层建筑物竣工验收提交的重要资料之一。基坑工程施工监测主要采用电子水准仪及全站仪进行监测,电子水准仪用于测量竖向位移,全站仪用于测量围护墙墙顶水平位移。水平位移和竖向位移测量是基坑工程施工监测的最主要内容。

任务 1 概 述

【任务介绍】

基坑工程施工监测是工程测量的重要内容,在建筑工程测量领域,基坑安全和施工安全密切相关,本任务主要介绍基坑工程监测的目的和意义,以及基坑监测的一般要求。

【学习目标】

①了解基坑工程施工监测的目的。
②了解基坑工程施工监测的仪器。
③理解基坑工程施工监测的工作要求。

一、基坑工程的用途

基坑工程主要用于:高层建筑基础,地铁车站和区间隧道明挖,过江隧道,合流制污水处理系统,过街通道和地下立交等。

二、基坑监测的内容及目的

由于城市的迅猛发展,基坑问题逐渐成了设计和施工的重要问题之一。为了确保基坑设计、施工的可靠性,除了在分析模型、计算方法、选用概率理论等方面尽量拟合实际情况以外,还必须进行现场监测。现场监测作为确保基坑工程施工安全的必要和有效手段,对于验证原设计方案、局部调整施工参数以及改进和提高设计水平等具有现实的指导意义。

基坑工程施工监测主要包括位移测量及基坑周边环境安全巡查。

位移测量包括:坡顶土体水平和竖向位移、抗滑桩顶部水平和竖向位移、桩身及腰梁体系水平和竖向位移、基坑周边地表及建筑物等的沉降、地下水水位标高等。

基坑周边环境安全巡查包括:基坑周边道路、土体是否发生开裂,竖向围护体及水平支撑施工便道坡体系是否出现明显裂缝,基坑侧壁渗水及流土、流沙情况,坑底是否出现涌水或涌砂等。

基坑监测的目的是检验设计计算理论、模型和参数的正确性;及时反馈、指导基坑开挖和支护结构的施工;确保基坑支护结构和相邻建筑物的安全;为提高基坑工程设计和施工水平积累工程经验。

三、基坑监测工作的基本要求

(1)基坑监测工作应由委托方委托具备相应资质的第三方承担。

(2)基坑围护设计单位及相关单位应提出监测技术要求。

(3)监测单位监测前应在现场踏勘和收集相关资料的基础上,依据委托方和相关单位提出的监测要求和规范、规程的规定编制详细的基坑监测方案,监测方案须在本单位审批的基础上报委托方及相关单位认可后方可实施。

基坑工程在开挖和支撑施工过程中的力学效应是从各个侧面同时展现出来的,在诸如围护结构变形和内力、地层移动和地表沉降等物理量之间存在着内在的紧密联系,因此,监测方案设计时应充分考虑各项监测内容之间监测结果的互相印证、互相检验,从而对监测结果有全面、正确的把握。

监测数据必须是可靠、真实的,数据的可靠性由测试元件安装或埋设的可靠性,监测仪器的精度、可靠性,以及监测人员的素质来保证。监测数据的真实性要求所有数据必须以原始记录为依据,任何人都不得更改、删除原始记录。

监测数据必须是及时的,监测数据需在现场及时计算处理,若计算有问题可及时复测,尽量做到当天报表当天出。因为基坑开挖是一个动态的施工过程,只有保证及时监测,才能有利于及时发现隐患,及时采取措施。

埋设于结构中的监测元件应尽量减少对结构的正常受力的影响,埋设水土压力监测元件、测斜管和分层沉降管时的回填土应注意与土介质匹配。

重要的监测项目,应按照工程具体情况预先设定预警值和报警制度,预警值应包括变形或内力量值及其变化速率。但目前对预警值的确定还缺乏统一的定量化指标和判别准则,这在一定程度上限制和削弱了报警的有效性。

基坑监测应整理完整的监测记录表、数据报表、形象的图表和曲线,监测结束后整理出监测报告。

四、基坑监测等级划分

2006 年颁布实施的上海工程建设规范《基坑工程施工监测规程》(DG/TJ 08—2001—2006)对基坑工程监测进行了等级划分。该规程规定,基坑工程监测等级根据基坑工程安全等级、周边环境等级和地基复杂程度划分为四级。规程中列出了基坑工程安全等级、周边环境等级、地基复杂程度和基坑工程监测等级划分标准,分别见表 5-1、表 5-2、表 5-3 和表 5-4。需要注意的是:

①同一基坑各侧壁的工程监测等级可能不同。对基坑各侧壁条件差异很大且复杂的基坑工程,在确定基坑工程监测等级时,应明确基坑各侧壁工程监测等级。

②表 5-3"地基复杂程度划分"和表 5-4"基坑工程监测等级划分"中有两项(含两项以上,

最先符合该等级标准者,即可定为该等级。

③表5-4"基坑工程监测等级划分"中,当出现符合两个监测等级的基坑工程时,宜按周边环境高一等级考虑。例如:某基坑工程安全等级为二级、周边环境等级为一级、地基复杂程度为中等,按表5-4可定为一级或二级,但按表5-4注②的要求,基坑工程监测等级宜定为一级。

基坑工程安全等级应根据基坑破坏后果、基坑开挖深度按表5-1划分为三个等级。

表5-1 基坑工程安全等级划分

基坑工程安全等级	破坏后果、基坑开挖深度
一级	破坏后果很严重或基坑开挖深度大于或等于10m
二级	破坏后果严重或基坑开挖深度介于7~10m之间
三级	破坏后果不严重或基坑开挖深度小于7m

周边环境等级应根据周边环境条件按表5-2划分为四个等级。

表5-2 周边环境等级划分

周边环境等级	周边环境条件
特级	离基坑 H 范围内有地铁、共同沟、大直径(大于0.7m)煤气(天然气)管道、大型压力总水管、高压铁塔、历史文物、近代优秀建筑等重要建(构)筑物及设施
一级	离基坑(1~2)H 范围内有地铁、共同沟、大直径煤气(天然气)管道、大型压力总水管、高压铁塔、历史文物、近代优秀建筑等重要建(构)筑物及设施
二级	离基坑 H 范围内有重要支线、水管、大型建(构)筑物及设施等
三级	离基坑 $2H$ 范围内没有需要保护的管线或建(构)筑物及设施等

注:①H 为开挖深度(m)(以下同);
　　②高压铁塔、历史文物、近代优秀建筑的划分应符合相关管理部门的规定。

地基复杂程度应根据场地地基土土性、软弱程度和水文地质条件按表5-3划分。

表5-3 地基复杂程度划分

地基复杂程度	地基土土性、软弱程度和水文地质条件
复杂	$2H$ 深度范围内存在厚度较大的特软弱淤泥质黏土(土性指标:含水量大于55%;静探比贯入阻力小于0.40MPa);坑底存在厚度较大的粉土或砂土且隔水帷幕无法隔断;存在大面积厚层填土(厚度大于3m)、暗浜(塘)分布;水文地质条件:邻近江、河边(约1.5H 水平距离以内)并有水力联系;有渗透性较大的含水层并存在微承压水或承压水(基坑影响深度范围以内)
中等	$2H$ 深度范围内存在淤泥质黏土或粉土;水文地质条件:离江、河边有一定距离(大于1.5H 水平距离),无水力联系
简单	$2H$ 深度范围内土性较好;无暗浜(塘)分布;水文地质条件简单

注:从复杂程度开始,有两项(含两项)以上,最先符合该等级标准者,即可定为该等级。

综合基坑工程安全等级、周边环境等级和地基复杂程度,基坑工程监测等级按表5-4可分为四级,并应明确基坑各侧壁工程监测等级。

表 5-4 基坑工程监测等级划分

基坑工程监测等级	基坑工程安全等级	周边环境等级	地基复杂程度
特级	一级	特级	复杂～中等
一级	一级～二级	特级～一级	复杂～中等
二级	二级～三级	一级～二级	中等～简单
三级	三级	三级	简单

注：①有两项(含两项)以上,最先符合该等级标准者,即可定为该等级;
②当符合两个监测等级时,宜按周边环境高一等级考虑。

五、基坑监测的一般规定

(1)开挖深度超过 5m,或开挖深度未超过 5m 但现场地质情况和周围环境较复杂的基坑工程,均应实施基坑工程监测。

(2)建筑基坑工程设计阶段应由设计方根据工程现场及基坑设计的具体情况,提出基坑工程监测的技术要求,主要包括监测项目、测点位置、监测频率和监测预警值等。

(3)基坑工程施工前,应由建设方委托具备相应资质的第三方对基坑工程实施现场监测。监测单位应编制监测方案,监测方案应经建设、设计、监理等单位认可,必要时还需与市政道路、地下管线、人防等有关部门协商一致后方可实施。

六、监测点布设的规定

(1)基坑工程监测点的布置应能反映监测对象的实际状态及其变化趋势,监测点应布置在内力及变形关键特征点上,并应满足监控要求;

(2)基坑工程监测点的布置应不妨碍监测对象的正常工作,并应减少对施工作业的不利影响;

(3)监测标志应稳固、明显、结构合理,监测点的位置应避开障碍物,便于监测。

任务 2 基坑工程监测内容与方法

【任务介绍】

水平位移和竖向位移测量是基坑工程施工监测的最主要内容,本任务主要介绍水平位移监测和竖向位移监测的内容与方法,以及国家规范对于水平位移监测和竖向位移监测的要求。

【学习目标】

①了解水平位移监测的内容与方法。

②了解竖向位移监测的内容与方法。

一、水平位移监测

测定特定方向上的水平位移时,可采用视准线法、小角度法、投点法等;测定监测点任意方向的水平位移时,可视监测点的分布情况,采用前方交会法、自由设站法、极坐标法等;当基准点距基坑较远时,可采用 GPS 测量法或三角、三边、边角测量与基准线法相结合的综合测量方法。

水平位移监测基准点应埋设在基坑开挖深度 3 倍范围以外不受施工影响的稳定区域,或利用已有的稳定的施工控制点,不应埋设在低洼积水、湿陷、冻胀、胀缩等影响范围内;基准点的埋设应按有关测量规范、规程执行。宜设置有强制对中的观测墩,监测时采用精密的光学对中装置,对中误差不宜大于 0.5mm。基坑围护墙水平位移监测精度要求见表 5-5。

表 5-5　基坑围护墙水平位移监测精度要求(mm)

水平位移预警值	≤30	30~60	>60
监测点坐标中误差	≤1.5	≤3.0	≤3.0

二、竖向位移监测

竖向位移监测可采用几何水准或液体静力水准等方法。基坑围护墙竖向位移监测精度要求见表 5-6。

基坑底隆起(回弹)宜通过设置回弹监测标,采用几何水准并配合传递高程的辅助设备进行监测,传递高程的金属杆或钢尺等应进行温度、尺长和拉力等修正。坑底隆起监测精度要求见表 5-7。

表 5-6　基坑围护墙竖向位移监测精度要求(mm)

水平位移预警值	≤20	20~40	≥40
监测点坐标中误差	≤0.3	≤0.5	≤1.0

表 5-7　坑底隆起监测精度要求(mm)

水平位移预警值	≤40	40~60	60~80
监测点坐标中误差	≤1.0	≤2.0	≤3.0

三、土体深层水平位移监测

基坑围护结构深层水平位移采用测斜仪测量,在基坑开挖前,将测斜管(采用钙塑管制作,为定型产品,外径 7cm,每节长 4m)埋入土体或墙体里,管顶高出基准面 150~200mm。

在土体中,测斜管采用钻孔法进行埋设。钻孔深度等于埋置深度。钻孔的垂直度误差应不大于 1.5%。钻孔施工应尽量采用清水钻进,孔径略大于所选用的测斜管的外径。通过导向槽,将管内注清水的测斜管逐节放入钻孔内,接口用封箱带密封。随后在测斜管与钻孔之间的空隙内回填细砂或水泥与黏土拌和的材料。埋设就位的测斜管必须保证管内的十字导槽对准开挖面的纵、横方向。测斜管内纵向的十字导槽应润滑顺直,保证管身垂直,管端接口密合。测斜仪是一种比较精密的仪器,在现场重复测试的次数较多,故监测过程中应重视对测斜仪量测精度的校正工作。

测量时,将测斜管与标有刻度(一般每 500mm 一个标记)的信号传输线连接,信号线另一端与读数仪连接,再将测斜仪沿测斜管的定向槽放入管中,直至滑到管底,每隔一定距离(500mm 或 1000mm,视工程需要而定)向上拉线读数,测定测斜仪与垂直线之间的倾角变化,即可得出不同深度部位的水平位移。

在具体操作时,应注意以下几点:

①埋入测斜管时,应保持垂直。

②测斜管有两对方向互相垂直的定向槽,其中一对需与基坑边线垂直。

③测量时,必须保证测斜仪与管内温度基本一致,显示仪读数稳定时才能开始测量。

四、地下水位监测

(1)地下水位监测管的埋设

地下水位监测管采用钙塑管或 PVC 管,在设定位置安装滤水管。采用钻孔法进行埋设,钻孔深度等于埋置深度。钻孔的垂直度误差应不大于 1.5%。钻孔施工应尽量采用清水钻进,成孔后将管送入孔中预定位置,然后用粗砂填塞导管与孔壁之间的空隙,间隔层填充黏土。

(2)测读方法

在每次测读过程中,首先采用水准仪测出管口标高,然后利用水位计电磁式沉降仪测出管中水离孔口的距离,将所测数值与初始值之差进行标高修正,所得的值即为地下水的变化量。

五、锚索内力监测

振弦式钢索计用来测定钢丝、钢索或单根钢绞线的应变。两端的锁紧块将其固定在钢索上,特殊环境下仪器经保护处理后连同钢索可埋入混凝土中。

任务 3　基坑工程监测技术设计

【任务介绍】

在了解水平位移和竖向位移监测内容的基础上,考虑实际工程项目的技术设计。技术设计是开展工作的主要方法和依据,工作思路,预期的成果等。技术设计关系工程实施的质量,本任务主要介绍技术设计的有关内容。

【学习目标】

①了解基坑监测方案编制的依据和国家规范。

②了解监测项目中监测点布置、监测频率等技术问题。

一、基坑工程施工监测方案编制依据

(1)中华人民共和国国家标准《岩土工程勘查规范》(GB 50021—2001)(2009 年版)

(2)中华人民共和国国家标准《建筑地基基础设计规范》(GB 50007—2011)

(3)中华人民共和国国家标准《混凝土结构设计规范》(GB 50010—2010)

(4)中华人民共和国行业标准《建筑基坑支护技术规程》(JGJ 120—2012)

(5)中华人民共和国国家标准《工程测量标准》(GB 50026—2020)

(6)中华人民共和国国家标准《建筑基坑工程监测技术标准》(GB 50497—2019)

(7)中华人民共和国行业标准《建筑变形测量规范》(JGJ 8—2016)

二、基坑工程施工监测仪器

（1）全站仪

型号：索佳 SET1X；精度：$1''$；套数：1 套。全站仪技术参数见表 5-8。

表 5-8　全站仪技术参数表

测距精度	(ISO 17123-4:2001)
棱镜	一般气象条件下×1
精测 SET1X	$\pm(1+1\times10^{-6}\times D)$mm
反射片	×3
精测	$\pm(3+2\times10^{-6}\times D)$mm
免棱镜（白色面）	×4
精测	$\pm(3+2\times10^{-6}\times D)$mm（0.3～200m）
	$\pm(5+10\times10^{-6}\times D)$mm（200～350m）
	$\pm(10+10\times10^{-6}\times D)$mm（350～500m）
免棱镜（灰色面）	×5
精测	$\pm(3+2\times10^{-6}\times D)$mm（0.3～100m）

（2）电子水准仪

型号：徕卡 DNA03；精度：0.3mm；套数：1 套。电子水准仪技术参数见表 5-9。

表 5-9　电子水准仪技术参数表

高程测量			简便测量的测量时间	典型 3s
每千米往返测标准偏差			望远镜	
(ISO 17123-2)			放大倍率	×24
电子测量	DNA03	DNA10	物镜自由孔径	36mm
铟瓦标尺	0.3mm	0.9mm	孔径角	2°
标准标尺	1.0mm	1.5mm	测量范围	3.5～100m
光学测量	2.0mm	2.0mm	最短标尺距离	0.6m
距离测量			乘常数	100
标准偏差	5mm/10m		加常数	0
电子测距范围			水准仪灵敏度	
标尺长度：3m	1.8～110m		圆水准器	$8''$/mm
推荐的 3m 铟瓦标尺	1.8～60m		补偿器	
标尺长度：2.7m	1.8～100m		用电子跟踪的磁阻尼摆式补偿器	
标尺长度：1.82m/2m	1.8～60m		倾斜角	$\pm10''$

三、监测项目测点布置及监测频率

基坑开挖期间,根据大量的监测数据,利用理论和数据反分析工具预测下一步开挖和降水引起的围护结构位移和变形及地面沉降的发展,随时掌握围护结构的位移和地面沉降情况,及时预测施工中出现的问题,判断结构可能产生变位的原因,信息化指导施工过程,为业主及有关单位研究对策和采取措施提供依据,防止过大变形和沉降的发生,确保结构本身及周围环境的安全。

监测点布置应本着满足规范、如实反映现状和节约费用的原则,根据《建筑基坑工程监测技术规范》(GB 50497—2009)第 5 条监测点布置的要求按上限来布设。

1. 围护墙墙顶水平位移和垂直位移监测点及测量基准点的布置

围护墙墙顶水平位移与垂直位移监测点应环围护墙墙顶均匀布设,围护墙顶部可用射钉枪打入监测点或预埋小钢筋。测量基准点应在施工前埋设,经监测确定其已稳定时方可投入使用。基准点一般不少于 3 个,并设在施工影响范围外。监测期间应定期联测以检验其稳定性;在整个施工期内,应采取有效保护措施,确保其在整个施工期间正常使用。

2. 深层水平位移监测(测斜管布置)

(1)监测点布置

监测围护结构侧向位移的测斜管,按对基坑工程控制变形的要求布置,基坑每边不少于 1 个监测点。

(2)监测频率

为了保证测量精度,基坑开挖前应测读两次初始数据。围护结构施工期间、基坑开挖期间为每天监测一次,底板浇好后调整为 3d 一次,地下室顶板完成及地下水位恢复直至回填土完成可调整为一周测量一次,上部建筑主体开始施工时基坑监测工作结束。

3. 基坑外地下水位监测

地下水位监测井采用钻孔法设置,地下水位管深度约 11m,钻机采用泥浆护壁方式引孔至要求深度后,在孔内埋入滤水塑料套管,套管直径为 50mm,套管与孔壁间用洁净粗砂填实,间隔层填黏土,并做好井口保护工作。

4. 锚索内力监测

(1)监测点布置

监测采用钢索计,在锚索靠端头附近安装。在钢索计上方安装挡板,并做好数据传输线的保护工作。选择在受力较大且有代表性的位置,如基坑每边中部、阳角处和地质条件复杂的区段布置监测点。各层监测点位置在竖向宜保持一致。每根杆体上的测试点宜布置在锚头附近和受力有代表性的位置。

(2)监测频率

锚索内力监测参数见表 5-10,监测周期与频率见表 5-11。

监测项目的测点布置数量及监测次数表格式见表 5-12。

表 5-10 锚索内力监测参数表

钢索计型号	GK-4410
测量范围	$20000\mu\varepsilon$
精度	$\pm0.1\%$F. S.
非线性度	$<0.5\%$F. S.
灵敏度	$<5\mu\varepsilon$
温度范围	$-20\sim+80℃$
长度	203mm

表 5-11 监测周期与频率表

监测项目	监测周期	监测频率	
		开挖期间	底板浇筑至回填
围护墙墙顶水平位移和垂直位移	基坑开挖至基坑回填结束	1次/d	1次/3d
深层位移监测	基坑开挖至基坑回填结束	1次/d	1次/3d
水位监测	基坑开挖至基坑回填结束	1次/d	1次/3d
锚索应力监测	基坑开挖至基坑回填结束	1次/d	1次/3d

表 5-12 监测项目的测点布置数量及监测次数表

监测项目	测点数量(个)	监测次数	
		基坑开挖阶段	底板浇筑至回填
围护墙墙顶水平位移和垂直位移			
深层位移监测			
水位监测			
锚索应力监测			

5. 监测资料

(1)监测资料应记录在专用原始记录表格内,并存档以备查用。数据须经计算整理,并仔细校核,于当天及时提交日报表。结合施工工况、天气情况、周围环境变化综合分析和判断,提出建议。

(2)当监测值达到报警指标时,应及时签发报警通知,并加密监测,同时提交加密监测的成果日报表,结合施工工况、天气情况、周围环境变化综合分析和判断,提出建议。

(3)监测工作结束时及时提供完整的监测报告,对最终监测结果进行评述,并提交书面正式监测总结报告。

6. 监测质量保证措施

施工前应对现场进行调查,并作详细记录,必要时可拍照、摄像,作为施工前的档案资料。在施工前应进行初始监测,初始监测不少于两次。各种传感器在埋设安装之前都应进行重新标定。水准仪、全站仪、测斜仪除精度满足要求外,应每年按照国家法定计量单位进行检验、校正,并出具合格证。在安装过程中,应对仪器、传感器、材料、传输导线进行围护性检验,以保证仪器质量的稳定性,并做好仪器安装过程的原始记录。监测工作应固定监测人员和仪器,采用相同的监测方法和监测路线,在基本相同的情况下施测。监测期间应定期对基准点进行联测以检验其稳定性;在整个施工期内,应采取有效保护措施,确保其在整个施工期间正常使用。在测点周围设置明显标志并进行编号。注意保护测点,严防施工时被损坏,必要时在测点处砌筑窨井,测读时打开,平时遮盖。

【案例】　　　　　基坑监测实例

一、工程概况

本项目位于云南省楚雄某地,用地性质为商业用地,总用地面积约为 20 亩(约 13333m²),南北长约 130m,东西长约 120m。本工程抗震设防烈度为 8 度,结构形式为框剪、剪力墙结构。拟建建筑为 11～12 层的高层商住楼,框架结构场地范围设 1～2 层的地下室,建筑面积约为 $5×10^4 m^2$。基坑深度 6.20～7.90m,地下水位稳定于地表下 0.30～1.70m。

二、建筑基坑变形监测成果

建筑基坑变形监测成果见表 5-13、表 5-14、表 5-15、表 5-16。

表 5-13　监测项目及测点布置数量表

监测项目	测点数量(个)	监测次数	
		基坑开挖阶段	底板浇筑至回填
围护墙墙顶水平位移和垂直位移	18	1 次/d	1 次/3d
深层位移监测	8	1 次/d	1 次/3d
水位监测	8	1 次/d	1 次/3d
锚索应力监测	12	1 次/d	1 次/3d

表 5-14　××××基坑水平位移记录表

点号	坐标	第一期(2010.05.17)	第二期(2010.05.18)	第三期(2010.05.19)	第四期(2010.05.20)	轴方向变化值(mm)	累计变化值(mm)	位移值(mm)	位移变化值(mm)
D7	X	1129.4071	1129.4049	1129.4068	1129.4049	−1.9	−2.2	3.72	3.30
	Y	984.1395	984.1425	984.1398	984.1425	2.7	3.0		
D8	X	1130.0103	1130.0114	1130.0081	1130.0114	3.3	1.1	3.20	3.48
	Y	957.6130	957.6160	957.6171	957.6160	−1.1	3.0		
D9	X	1130.9256	1130.9231	1130.9246	1130.9231	−1.5	−2.5	2.66	1.98
	Y	922.7045	922.7054	922.7041	922.7054	1.3	0.9		
D10	X	1131.3149	1131.3152	1131.3152	1131.3157	0.5	0.8	4.08	0.78
	Y	903.4687	903.4657	903.4641	903.4647	0.6	−4.0		

表 5-15 支撑轴力、锚杆及土钉拉力监测日报表

工程名称：××××　　　　　　第 30 次　　　　　　监测时间：××××

测试：××　　　　　计算：××　　　　　校核：××　　　　　天气：小雨

点号	本次内力(kN)	上次内力(kN)	单次变化值(kN)	累计变化值(kN)	备注
1	22.48	22.45	0.03	1.46	
3	30.27	30.09	0.18	7.28	
5	17.33	18.1	−0.77	−0.77	
6	11.46	11.63	−0.17	−0.17	
7	22.84	32.06	−9.22	−0.75	
8	20.11	16.57	3.54	3.54	
9	19.99	20.26	−0.27	−0.27	
10	30.72	30.92	−0.2	−0.2	
11	23.38	22.53	0.85	1.20	
12	32.09	32.06	0.03	3.75	

表 5-16 地下水位监测日报表

工程名称：××××　　　　报表编号：002　　　　天气：晴　　　　第 1 页　共 1 页

测试者：××　　　　计算者：××　　　　检核者：××　　　　监测时间：××××

点号	初始高程 (m)	本次高程 (m)	上次高程 (m)	本次变化量 (mm)	累计变化量 (mm)	变化速率 (mm/d)	备注
1	1895.006	1894.981	1895.006	−0.025	−0.025	−0.0125	
3	1894.162	1893.902	1894.162	−0.26	−0.26	−0.13	
6	1894.148	1893.948	1894.148	−0.2	−0.2	−0.1	
7							

思考与练习题

1. 编写基坑监测方案前，委托方应向监测单位提供哪些资料？

2. 监测单位在现场踏勘、资料收集阶段的工作应包括哪些内容？

3. 基坑监测等级是如何划分的？

4. 监测结束阶段，监测单位应向委托方提供哪些资料，并按档案管理规定组卷归档？

5. 简述基坑监测工作的基本要求。

6. 基坑工程施工监测方案编制依据有哪些？

7.基坑工程巡视检查应包括哪些内容？

8.现场基坑监测应该注意的问题有哪些？

9.现场基坑监测的时间应该如何确定？

10.监测质量保证措施有哪些？

实 训　基 坑 监 测

一、作业准备

1.作业分组

实训小组由 3～5 人组成,分别司职观测员、记录员、扶尺员,设组长 1 人。

2.仪器配置

(1)每个实训小组配备全站仪 1 套、精密电子水准仪 1 套。

(2)个人配备记录板、记录表格、铅笔、小刀等工具。

3.实训时间

实训时间为 4 个课时。

4.实训场地

某建筑工地正在施工的深挖基坑。

5.实训内容

(1)每个实训小组完成基坑水平位移监测点的布设、1 条沉降观测路线布设及闭合水准的往返观测。

(2)每个组员完成 1 个测段的观测、记录及高差计算。

(3)实训小组团体完成监测点高程及水平位移计算。

6.实训目标

(1)掌握基坑水平位移监测点的布设。

(2)掌握基坑垂直位移路线布设。

(3)掌握基坑水平位移、垂直位移的观测、记录、计算。

二、作业实施

1.基坑水平位移沉降监测基准点、工作基点、监测点的布设。

2.基坑垂直位移监测路线的选取。

3.基坑水平位移、垂直位移观测。

4.数据记录与计算。

三、作业要求与注意事项

1.作业依据:《建筑变形测量规范》(JGJ 8—2016)。

2.仪器严格整平,气泡要居中。

3.基准点布设在稳固牢靠的地方,基准点原则上不少于 3 个。

4.沉降观测要"3 固定"。

5.测站限差、往返较差、路线闭合差符合规范要求。

表 1　基坑围护墙水平位移监测精度要求(mm)

水平位移报警值	≤30	30～60	＞60
监测点坐标中误差	≤1.5	≤3.0	≤3.0

表 2　基坑围护墙垂直位移监测精度要求(mm)

水平位移报警值	≤20	20～40	≥40
监测点坐标中误差	≤0.3	≤0.5	≤1.0

表 3　坑底隆起监测精度要求(mm)

水平位移报警值	≤40	40～60	60～80
监测点坐标中误差	≤1.0	≤2.0	≤3.0

四、变形监测实训报告

姓名＿＿＿＿＿学号＿＿＿＿＿班级＿＿＿＿＿指导教师＿＿＿＿＿日期＿＿＿＿＿

［实训名称］

［目的与要求］

［仪器和工具］

［主要步骤］

［数据处理］

表 4 水平位移监测日报表
第   次

工程名称：

观测者：   计算者：   监测日期：   年   月   日

点名	基准值 （mm）	上次观测值 （mm）	本次观测值 （mm）	单次变化 （mm）	累计变化量 （mm）	变化速率 （mm/d）	备注

监测单位：   项目负责人：

备注：监测点位移变化向基坑内侧为"—"，向基坑外侧为"＋"。

表5　垂直位移监测日报表
第　　次

工程名称：

观测者：　　　　　　计算者：　　　　　　监测日期：　　年　　月　　日

点名	基准值 （mm）	上次观测值 （mm）	本次观测值 （mm）	单次变化 （mm）	累计变化量 （mm）	变化速率 （mm/d）	备注

监测单位：　　　　　　　　　　　　　　　项目负责人：

项目六　水利工程变形监测

【项目概述】

本项目主要介绍了水利工程变形监测的基本知识、监测内容、监测方法,重点介绍了大坝的沉降监测、水平位移监测,并对水利工程监测项目的资料整理与分析作了简要叙述。最后通过某水利工程变形监测的实例阐述了水利工程变形监测项目的各个关键环节。

任务1　概　　述

【任务介绍】

水利工程建筑物必须设置必要的监测项目,用以监控建筑物的安全。本任务概括地介绍了水利工程变形监测的内容、方法及精度要求。

【学习目标】

①了解水利工程变形监测的内容、方法。

②掌握水工建筑物变形监测的精度要求。

一、水利工程变形监测的内容、方法

水利工程变形监测主要是指大坝和近坝区岩体变形监测,以及水库库岸的稳定性监测。对于超大型水库还应考虑库区地质的变形监测,用以监测水库诱发的地震。水利工程变形监测的主要项目有水平位移、垂直位移、应力及接缝(裂缝)监测等。

《土石坝安全监测技术规范》(SL 551—2012)规定,"大坝安全监测范围包括坝体、坝基、坝肩,以及对大坝安全有重大影响的近坝区岸坡和其他与大坝安全有直接关系的建筑物和设备"。影响大坝安全的因素的存在范围大,包括的内容也多,如泄洪设备及电源的可靠性、梯级水库的运行及大坝安全状况、下游冲刷及上游淤积、周边范围内大的施工(特别是地下施工爆破)等。大坝安全监测的范围应根据坝址、枢纽布置、坝高、库容、投资及失事后果等进行确定,根据具体情况由坝体、坝基推广到库区及梯级水库大坝,大坝安全监测的时间应从工程项目设计时开始直至运行管理阶段,大坝安全监测的内容不仅包括坝体结构及地质状况,还应包括辅助机电设备及泄洪消能建筑物等。

大坝安全监测主要包括大坝位移变形监测、坝体接缝及裂缝监测、渗流量监测、环境质量监测。大坝自动化系统监测分别对大坝水平位移、垂直位移、裂缝、渗漏、扬压力、上下游水位等进行自动化监测,并配合人工比测校核,数据自动化系统对大坝的在线控制、离线分析、安全管理、数据管理、预测预报、工程文档资料测值及图像管理、报表制作、图形制作等日常大坝安全测控和管理的全部内容进行收集整理、智能分析,从而获得反映大坝工作状态的有关信息,提供给各级管理部门进行安全评估,以便采取有效措施,确保大坝安全。

大坝安全监测的方法主要有巡视检查和仪器监测,从施工期到运行期各级大坝均须进行巡视检查,巡视检查中如发现大坝有损伤、附近岸坡有滑移崩塌征兆或其他异常迹象,应立即上报,并分析其原因。仪器监测的方法有多种,对于水平位移监测来说,常用的监测方法主要有引张线法、视准线法、激光准直法、交会法、测斜仪与位移计法、卫星定位法和导线法等;垂直位移的监测方法主要有精密水准法、三角高程法、沉降仪法、沉降板法和多点位移计等方法;挠度监测的常用方法主要有正垂线和倒垂线监测法;裂缝的监测主要利用测微器和测缝计进行;应力、应变的监测主要是利用测压管和测压计进行;渗流的监测除了采用测压管和测压计以外,还可采用传感器法。对于水库库岸稳定性监测,监测的对象主要有地面绝对位移、地面相对位移、钻孔深部位移、应力、水环境、地震、人类相关活动等。水利工程变形监测内容及方法见表 6-1。

表 6-1　水利工程变形监测内容及方法

内容	方法	说明
重力坝	引张线法 视准线法 激光准直法	用于水平位移监测 (一般坝体、坝基均适用)
拱坝	导线法 交会法 测量机器人自动监测法	用于水平位移监测 (一般坝体、坝基均适用)
土石坝	激光准直法 交会法 GPS 定位监测	用于水平位移监测 (一般坝体、坝基均适用)
近坝区岩体	GPS 定位监测 交会法 三角高程测量	用于监测表面位移
高边坡及滑坡体	GPS 定位监测 交会法 三角高程测量	用于监测表面位移
内部及深层	沉降板 沉降仪 沉降井	用于监测地表及分层位移

二、水工建筑物变形监测的精度要求

对于水工建筑物,根据其结构、形状不同,观测内容和精度要求也不相同,即使是同一建筑物(如拱坝),不同部位其精度要求也不相同。变形大的部位的观测精度可稍低于变形小的部位的观测精度。常见的水工建筑物的变形监测精度要求见表 6-2。

表 6-2　水工建筑物变形监测精度要求

项目			位移量中误差限值
水平位移(mm)	坝顶	重力坝、支墩坝	±1.0
		拱坝　径向	±2.0
		拱坝　切向	±1.0
	坝基	重力坝、支墩坝	±0.3
		拱坝　径向	±0.3
		拱坝　切向	±0.3

项目		位移量中误差限值
坝体、坝基垂直位移(mm)	坝顶	±1.0
	坝基	±0.3
倾斜(″)	坝体	±5.0
	坝基	±1.0
坝体表面接缝和裂缝(mm)		±0.2
近坝区岩体和高边坡	水平位移(mm)	±2.0
	垂直位移(mm)	±2.0
滑坡体	水平位移(mm)	±3.0
	垂直位移(mm)	±3.0
	裂缝(mm)	±1.0

任务 2　大坝变形监测

【任务介绍】

　　大坝是水利工程最重要的水工建筑物。大坝安全监测是保证大坝安全运营、防止大坝发生危险事故的重要手段。本任务介绍了大坝水平位移监测和垂直位移监测的方案布设、监测内容、监测方法及施测的要求等。

【学习目标】

　　①了解大坝变形监测的内容。

　　②掌握大坝变形监测的方法。

一、大坝水平位移监测

1.平面控制网布设

(1)一级平面控制网布设形式

　　为了提高大坝监测点的点位精度及可靠性,需要建立几何网形来施加约束条件(或检核条件),网形根据现场条件与观测方法进行优化选择。

　　一般坝体平面网由起始基准点、工作基点与监测点构成。网形取决于大坝分布、地面特征、测量条件、监测要求的精度和其他因素。控制网除了遵守平面监测网的布网原则外,还应结合多种方法进行综合利用。如大坝监测使用的电测遥控法、正倒垂法、引张线法等非光学的方法,能获得较高的相对精度,却不能获得变形绝对位移量,但结合变形监测网,如把廊道引张线两端点与变形网点重合,便可获得其绝对位移值。

　　现以黄河小浪底水利枢纽工程水平位移监测网布设为例,具体介绍水平位移平面监测网布设方法。小浪底水利枢纽工程水平位移监测网分为两级:一级网为固1、固2、固3、固4所组成的大地四边形(图6-1),该4点布设在大坝轴线两侧,点位要求位于大坝沉陷漏斗区之外,

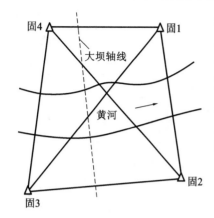

图 6-1 水平位移监测一级平面控制网

最长边为 4.0km,并且能较好地扩展和加密二级控制点。二级控制点为大坝每条视准线(15 条)的工作基点(共 24 个),可与一级网组成适当的几何图形或插点,以便定期观测,进而确定视准线工作基点的稳定性。由于一级网点的位置在大坝沉陷漏斗区之外,且均为基岩标,故可视为不动点。当然,间隔一定的时间还需要进行复测以检测其稳定性。一级网点的主要作用是扩展和加密二级网点。

(2)坝体细部二级控制网布设

大坝水平位移二级监测系统是依据首级平面监控网的成果,利用各种光学、电子、机械等方法进行坝体细部监控的系统。水平位移监测一般以视准线法、引张线法及激光准直法监测大坝不同高程、不同部位的水平位移,并以倒垂线作为上述基准线的控制。

根据坝体结构特点,二级网点主要是提供形成坝体视准线的固定端点或工作基点,其可靠性及位移量是布设的视准线上点位移可靠的保证。图 6-2 所示为某大坝在坝体上下游侧不同高度处布设若干条视准线,利用二级网点的监测修正便可对各视准线上位移标点的位移量进行修正。按设计规定,确定水平位移的测量中误差应小于 1mm。

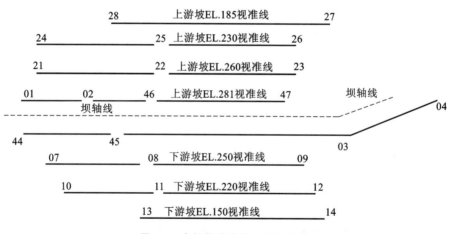

图 6-2 大坝视准线法二级加密网

2.基准点、监测点布设及观测方法

结合混凝土重力坝、土石坝、拱坝各自结构的特点,观测方案选择如下:

(1)重力坝及土石坝

①视准线一般布置在坝顶,挡水坝段的测点布置在坝轴线上,溢流坝段的测点布置在坝轴线上游处。每坝段至少要布设一个测点。在左、右岸山坡设置有二级网工作基点 A、B,并在 A、B 点附近按一定倒垂锚块的深度设立倒垂线,作为校核工作基点的依据。

采用 T3 经纬仪以测小角法进行观测,每个端点观测一半测点的偏离值。

②引张线一般布置在廊道内,每坝段布设一个测点。引张线的端点分别布置在坝段的首尾(引张线观测精度为 0.5mm),并与该两坝段的倒垂线相连,同时分别在基础廊道、观测廊

道、浮筒室(位于坝顶附近)设置垂线观测站以观测大坝挠度。垂线观测的精度为 0.2～0.3mm。

③激光准直系统布置在坝面,可以平行于坝轴线布置,在全坝坝段选取若干坝段各设置一个测点。激光发射端设置在右岸观测室内,接收端设置在左岸观测室内。为了校核两端观测平台(即点光源和探测器)的变位,在观测平台上各设有一个倒垂和双金属标,分别作为平面和垂直校核基准点。

(2)拱坝

准直方法是观测重力坝水平位移的较好方法,但若用以观测拱坝的水平位移则不理想。例如我国的陈村拱坝,虽布置了5条基准线,但仍只能测出1/4拱处的径、切向水平位移和拱冠处的径向位移。因此,拱坝水平位移的观测,应该是倒垂加精密导线,将不同高程廊道中的导线与垂线连成垂线导线网。另外,按规范的规定,一、二级大坝必须布设近坝区变形观测边角网,一方面用以观测近坝区岩体的变形,另一方面用以检验导线端点的稳定性。

现以某拱坝变形监测系统为例,拱坝变形监测网由8组垂线、3条导线组成导线垂线网(图6-3),作为全面观测基础、坝体水平位移以及坝体挠度的主要手段,并以下游联系边角网及前方交会作为校核手段。

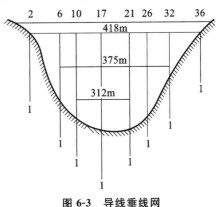

图 6-3　导线垂线网

①垂线:8组垂线中,21坝段的倒垂线仅到312m廊道,2、17、36坝段的垂线由基础直通坝顶,其余4条(位于6、10、26、32坝段)通到418m廊道。由于受到坝剖面的限制,较高坝段均采用正、倒垂线结合设置。每条垂线在经过各高程廊道处均设垂线测点。8组垂线中,17坝段是拱冠典型坝段,26坝段是地质条件差的坝段,其余6组主要用于测定3条导线端点的位移,倒垂锚块深度为47m。32坝段设有3个不同深度的倒垂线,形成倒垂组,以测定岩基不同深度的变形(图6-4)。

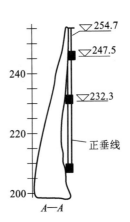

图 6-4　正垂线测量

②导线:在312m、375m、418m高程的3条纵向廊道中,各设一条导线。导线端点分别设在10、21坝段,6、32坝段,2、36坝段。3条导线的长度分别为267m、360m、648m。中间每隔16m(或18m)设一个测点。

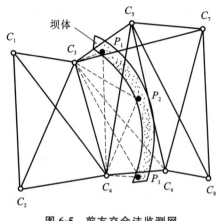

图 6-5　前方交会法监测网

③前方交会：在大坝下游的 4 个高程位置部分坝段设置了 32 个测点，用下游两岸距大坝约 100m 的 C_3、C_4 两工作基点（图 6-5），以前方交会法观测每一测点的径、切向位移，作为水平位移的校核手段。为校核工作基点的稳定性，另设 C_1、C_2 两个校核基点，共同组成下游平面控制。该网还可兼测下游地区的基岩变形。

④联系边角网：将下游控制网 C_3、C_4 两点与对应 2、17、36 坝段的 P_1、P_2、P_3 点引至坝顶的倒垂线，以组成边角网进行联测（图 6-5），以检核倒垂锚碇和下游控制点的相对变形规律。

⑤倾斜观测：在河床坝段 282m 排水廊道和相距 33m 的基础灌浆廊道分别设墙上水准标志，用精密水准法测定这些点的高差变化，以换算径、切向转动角。

二、大坝垂直位移监测

大坝的垂直位移包括基础沉陷和坝体在自重作用下的变形，但主要是基础的沉陷。一般根据大坝基础的地质条件、坝体结构、内部的应力分布情况，以及便于观测等因素布设工作测点。下面就大坝高程控制网、沉降工作测点的布设及实施方案作介绍。

1. 高程控制网布设

对于水利枢纽的高程控制网，其长期观测大坝垂直位移的双金属标基点，即水准基点，应设在库区影响半径之外［图 6-6(a)］。实践证明，高程控制网的水准基点应埋在坝址下游 1.5～3km 处岸附近［图 6-6(b)］。基点远离坝址，固然有稳定的优势，但长距离引测，精度又会降低，为保证最弱点的观测精度（如重力坝为 1～2mm），基点一般不能离监测场地太远。

对于大型水库，变形影响半径可达十几千米，沉陷观测基点选择有极大困难。因此，一般选在影响甚小的地方，只要其变形值在变形观测精度之内，即可视为其位置不变。平原地区和山区控制网是有区别的。平原地区的水利枢纽工程可布设成图 6-7 所示的高程控制网，两岸各设置一个水准基点I和II，由它们到大坝布设水准路线，沿线每隔 300～400m 埋设工作基点，这些点可提供下游地面沉陷情况。如下游附近有桥，可将水准基点I、II联测，施工后期两岸建立联系后，便形成闭合水准路线。水准基点到大坝布设一等水准路线，而沿大坝附近再布设二等水准路线。

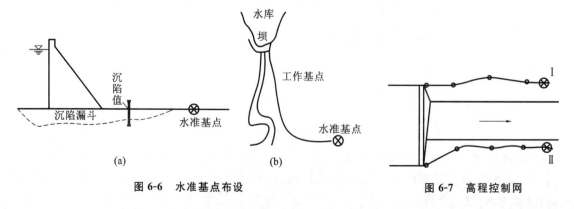

(a)　　　　　　　(b)

图 6-6　水准基点布设　　　　　　图 6-7　高程控制网

2.监测点布设

由于坝体结构不同,监测点位置布设也有区别,下面结合混凝土重力坝、土石坝、拱坝的情况来作说明。

(1)混凝土重力坝

混凝土重力坝垂直位移测量工作点的布设如图 6-8 所示。其布设原则是在坝顶和坝脚上平行于轴线的各段设一排工作测点,图 6-8 中为 O_1—O_2,O_3—O_4 两排点。对于重要的坝段,不仅纵向设点,横向也应设点。此外,还应根据需要在电厂、消力池和溢洪道等建筑物上布设若干工作测点。

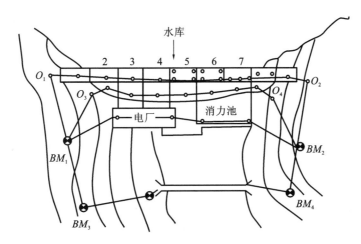

图 6-8　混凝土重力坝沉降监测点布设

(2)土石坝

图 6-9 所示为土石坝垂直位移测量工作点的布设图。工作点沿坝顶通道和各级高程的马道布设。O_1—O_2、O_3—O_4、O_7—O_8 为布设在马道上的三排工作点,O_5—O_6 为布设在坝顶通道上的一排工作点,测点间距因坝高的不同而不同。为避免仪器爬坡的不利影响,一般沿坝体的纵轴方向布设和联测。

土石坝垂直位移工作点的布设原则为:在坝体的主要变形部位,例如最大高度处、合龙段坝内有泄水底孔部位、坝基地形和地质变化较大的地段,沿横向布设的工作测点要适当增多;测点纵向间距为 50m 左右,横向点数一般不少于 4 个;水库坝体的上游坝坡的正常水位以上至少要有一个测点;下游坝肩处布设一测点;下游每个马道上布设一测点。

上述各垂直位移测量工作点的布设同水平位移测量工作点合用。全站仪、GPS 的使用,为实时监测提供了方便。

水闸上的变形观测工作点的布设:在垂直于水流方向的闸墩上布设一排工作点,一般每个闸墩布设一个工作点,如果闸身较长,可在伸缩缝两侧各布设一个工作点。

土石坝的溢洪道、电厂及其他水工建筑物也应布设相应的变形观测工作点。

(3)拱坝

拱坝变形观测工作点的布设类似于混凝土重力坝,图 6-10 所示为单拱坝垂直位移观测工作点的布设图,O_1—O_2 为一排坝顶变形工作点,O_3—O_4 为一排坝址变形工作点,这样有利于观测。其布设工作点的原则为:在拱坝上选择有代表性的拱环,一般沿坝顶每隔 40～50m 布设一个点,同时,至少在拱冠、拱环 1/4 处及两岸接头(O_1 及 O_2)处各布设一点。

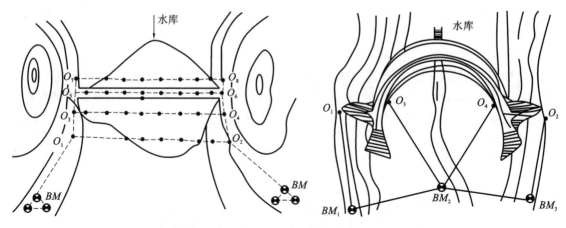

图 6-9　土石坝沉降监测点布设　　　　图 6-10　拱坝沉降监测点布设

3.监测方法

无论是混凝土重力坝还是拱坝,垂直位移观测方法基本相同。坝体垂直位移观测路线可分为两条:一条布置在坝顶,另一条布置在基础廊道。采用铟瓦带尺竖直传递高程,从坝顶传到基础廊道组成二等精密水准路线。

在坝顶上每一坝段各设一垂直位移监测点。各测点位于坝轴线上游与各坝段中心线的交点处,并自河岸一侧的水准基点经由坝顶各测点至另一侧的水准基点,组成坝内附合水准路线。

对坝顶垂直位移监测点,可采用竖直传递高程法,经基础某坝段廊道监测点传递至坝顶,再下到另一坝段基础廊道监测点,并组成基础廊道的附合水准路线。基础廊道中其他监测点可组成两条支水准路线,并进行往、返观测。

另外,对大坝基础廊道有横向廊道的坝段,可以利用横向廊道观测坝体倾斜及基础的转动,一般每条横向廊道设两个监测点。

可以利用不同坝体的沉降观测资料,反映沿某一剖面坝体的沉降分布,图 6-11 反映的就是某混凝土重力坝沿不同坝高的沉降分布状况。

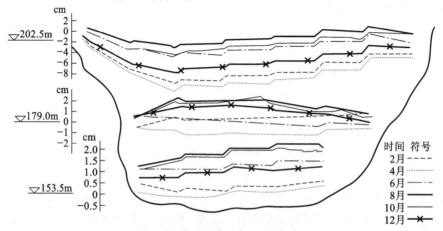

图 6-11　不同高程水平面上的沉降情况

任务 3　水利工程变形监测资料整理

【任务介绍】

　　监测资料的整理与分析是变形监测的重要组成部分。监测资料的整理与分析对水利工程变形监测具有重要意义,通过对监测资料的整理与分析,了解建筑物变形的大小、揭示变化规律趋势。

【学习目标】

　　①了解水利工程变形监测资料整理的内容。
　　②掌握水利工程变形监测资料整理的过程、方法。

一、监测资料整理的目的和意义

　　对坝体进行变形监测是掌握坝的运行状态,保证大坝安全运行的正确措施,也是检验设计成果、监察施工质量和认识坝的各种物理量变化规律的有效手段。通过监测所取得的大量数据,为了解大坝运行状态提供了第一手基础资料。但是,原始的监测成果往往只展示了大坝的直观表象,要深刻地揭示规律和作出判断,从大量的监测资料中找出关键问题,还必须对监测数据进行分析、解析、提炼和概括,这就是监测资料分析与整理工作。它可以从原始数据中提取出有用的信息,为坝的建设和管理提供有价值的资料。

　　对于监测资料分析与整理的意义,还可从以下几点来理解:首先,原始数据本身,既隐含着大坝实际状态的信息,又带有监测误差及外界偶然因素随机作用所造成的干扰,必须经过辨析,识别干扰,才能显示出真实的信息。其次,影响坝状态的多种内外因素是交织在一起的,观测值是其综合效应。为了将影响因素加以分解,找出主要因素及各个因素的影响程度,也必须对观测值作分解和剖析。再者,只有将多种监测量的多个测点、多次监测值放在一起综合考察,相互补充、印证,才能了解监测值在空间分布上和时间发展上的联系,找出变动特殊的部位和薄弱环节,了解变化过程和发展趋势。此外,为了对大坝监测值作出物理解释,为了预测未来监测值出现范围及可能的数值等,也都离不开分析工作。因此,监测资料分析是实现原变形体监测根本目的的最后和最重要的环节。

　　通过观测分析,可以掌握坝的运行状态,为安全运行提供依据。一般来说,坝在平时的变化是缓慢和微小的,然而变化一旦呈现明显异常,往往已对其安全产生严重威胁,甚至迅速发展到不可挽救的地步。对大坝平时监测资料进行细致的分析,可以认识坝的各种变化和有关因素的关系,了解坝的各个物理量变动范围和正常变换规律。在遇到监测值异常或者出现不利发展趋势时,就能及时发现问题并作出判断,从而采取措施防止坝从量变发展到质变破坏。而在遇到大洪水、地震等特殊情况时,通过对监测数值的分析,如果证实坝的变化仍在正常范围之内,就可得出大坝处于安全状态的结论,做到心中有数,从而从容地调度。

二、监测资料整理与分析的一般规定

　　对监测资料进行整理与分析的基本要求是应正确、深入地认识大坝工作状态和测值变化规律,准确、及时地发现问题和作出安全判断,充分地利用现场监测所取得的信息,有效地为安全运行和设计、施工提供服务。

　　对监测资料的分析要客观和全面,切忌主观和片面,力求较正确地反映坝体变形的真实情况和规律。要把握监测值和结构状态的内在联系,而不是停留在表面的描述上。在监测手段所提供的信息范围内,对坝所存在的较大问题,要找得准,既不遗漏,也不虚报;要抓得及时,在有明显迹象时就应察觉,在可能带来严重后果之前就有明确的判断。

　　为了做好监测分析工作,除了要具备数量上充分、质量上合乎要求的监测资料以外,还应详尽地阅读坝的勘测、设计、施工资料,掌握监测期坝址水文、气象、地震等资料,在这个基础上运用适当的方法,通过认真、细致的工作,从资料中提炼出有用的信息。

　　具体来说,监测资料的分析应遵守以下规则:

　　(1)资料分析的项目、内容和方法应根据实际情况而定,但对于有关变形量、渗漏量、扬压力及巡视检查的资料必须进行分析。

　　(2)直接反映大坝工况(如大坝的稳定性和整体性,灌浆帷幕、排水系统和止水工作的效能,经过特殊处理的地基工况等)的监测成果,应与设计预期效果相比较。

　　(3)应分析大坝材料,判断大坝有无恶化的现象,并查明其原因。

　　(4)对于主要监测物理量应建立数学模型,借以解释监测量的变化规律,预测将来的变化,并确定技术警戒范围。

　　(5)应分析各监测量的大小、变化规律及趋势,揭示大坝存在的缺陷和不安全因素。

　　(6)分析完毕后应对大坝工作状态作出评估。

三、监测资料分析的内容和方法

　　在监测设计付诸实施、监测设备已经安装埋设并投入使用以后,原型监测包括现场监测、成果整理、资料分析三个环节。能真实反映实际情况并具有一定精度的现场监测,是整理与分析工作的基础和前提;而将监测数据加工成理性认识的分析成果,则是监测目的的体现;根据现场记录进行计算得到所监测的物理量的数值,并将它编列成系统的、便于查阅使用的图、表、说明的工作,通常称作"整理",它是介于现场监测和资料分析的中间环节。

　　1.监测资料分析的基础工作

　　(1)资料的收集与积累。监测成果体现为一定形式的资料,监测资料是监测工作的结晶。只有收集和积累监测资料,才能为利用监测成果提供条件,即为了对监测成果进行分析,必须了解各种有关情况,这也需要有相关的资料。因此,收集和积累资料是整理分析的基础。监测分析水平与分析者对资料掌握的全面性及深入程度密切相关。正确的结论只能来自适当收集的具有代表性的资料。监测人员必须十分重视收集和积累资料,熟悉资料。资料收集、积累的范围与数量,应根据需要与可能而定,厂部、分场和班组资料存档的分工,应便于资料使用并有利于长期管理和保存。

　　为了做好监测分析工作,应收集、积累或熟悉、掌握的资料有以下三个方面:

　　①监测资料。监测成果资料:包括现场记录本、成果计算本、成果统计本、曲线图、监测报表、整编资料、监测分析报告等。监测设计及管理资料:包括监测设计技术文件和图纸、监测规程、手册、监测措施及计划、总结、查算图表、分析图表等。监测设备及仪器资料:包括监测设备竣工图、埋设安装记录、仪器说明书、出厂证书、检验或鉴定记录、设备变化及维护与改进记录等。

②水工建筑物资料。大坝的勘测、设计及施工资料,包括坝区地形图、坝区地质资料、基础开挖竣工图、地基处理资料、坝工设计及计算资料、坝的水工模型试验和结构模型试验资料、混凝土施工资料、坝体及基岩物理力学性能测定结果等。坝的运用、维修资料包括上下游的水位流量资料,气温、降水、冰冻资料,泄洪资料,地震资料,坝的缺陷检查记录及维修、加固资料等。

③其他资料。包括国内外坝工监测成果及分析成果,各种技术参考资料等。

(2)监测资料的整理与整编。从原始的现场监测数据变成可以使用的成果资料,要进行一定的加工,以适当的形式加以展示,这就是监测资料整理与整编。清楚而明晰的展示,对于了解和正确地解释资料有很大的帮助。监测资料整理与整编是资料分析的基础,常包括计算、绘图、编成果册三个环节。

①计算。把现场数据化为成果数值,如根据水准测量记录测点高程及垂直位移等。

②绘图。把成果数据用图形表示出来,如绘制过程线、分布图、相关图等。根据几何原理,用曲线的形式、形状、长度、曲率、所围面积或用散点、曲面等几何图形来表达观测值与时间、位置、各有关物理量之间的关系,这就是监测成果的作图表示法,它能简明直观地展现出观测值的变化趋势、特点、相互关系等,是监测资料整理中最常用的成果表达方式,如等值线图。

③编成果册。把成果表、曲线图作适当整理并加以说明,汇编成册,以供使用。

(3)监测资料的初步分析。监测资料分析是从已有的资料中抽出有关信息,形成一个概括的、全面的数量描述的过程,进而对资料作出解释、导出结论、作出预测。初步分析是介于资料整理和分析之间的工作。常用的方法是绘制观测值过程线、分布图和相关图,对监测值作比较、对照。

①绘制监测值过程线。以监测时间为横轴,以所考查的监测值为纵坐标点绘的曲线叫过程线,它反映了监测值随时间而变化的过程。由过程线可以看出监测值变化有无周期性,最大值与最小值分别是多少,一年或多年变幅有多大,各时期变化梯度(快慢)如何,有无反常的升降等。图上还可同时绘出有关因素如水位、气温等的过程线,来了解监测值和这些因素的变化是否相适应,周期是否相同,滞后多长时间,两者变化幅度的大致比例等。图上也可同时绘出不同测点或不同项目的曲线,来比较它们之间的联系和差异。

②绘制监测值分布图。以横坐标表示测点的位置,以纵坐标表示监测值所绘制的台阶图或曲线叫分布图,它反映了监测值沿空间分布情况。由图可看出监测值分布有无规律,最大、最小数值在什么位置,各点间特别是相邻点间的差异大小等。图上还可绘出有关因素如坝高等的分布值,来了解监测值的分布是否和它们相适应。图上也可同时绘出同一项目不同测次和不同项目同一测次的数值分布,来比较其间的联系和差异。

当测点分布不便于用一个坐标来反映时,可用纵、横坐标共同表示测点位置,把监测值记在测点位置旁边,然后绘制监测值的等值线图来进行考察。

③对监测值作比较、对照,具体包括以下几个方面:

a.与历史资料对照。和上次监测值进行比较,看是连续渐变还是突变;和历史极大、极小值进行比较,看是否有突破;和历史上同条件监测值进行比较,看差异程度和偏离方向(正或负)。比较时最好选用历史上同条件的多次监测值作参照对象,以避免片面性。除比较监测值外,还应比较变化趋势、变幅等方面是否有异常。

b.与相关资料对照。和相邻测点监测值互作比较,看它们的差值是否在正常范围之内,分布情况是否符合历史规律;在有关项目之间作比较,如水平位移和挠度,坝顶垂直位移和坝基垂直位移等,看它们是否有不协调的异常现象。

　　c. 与设计计算、模型试验数值相比较。看变化和分布趋势是否相近,数值差别有多大,测值是偏大还是偏小。

　　d. 与规定的安全控制值相比较。看监测值是否超限,和预测值相比较,看出入大小是偏于安全还是偏于危险。

　　2. 监测资料分析的内容

　　监测资料分析的主要内容包括以下 10 个方面:

　　(1)分析监测物理量随时间或空间而变化的规律。①根据各物理量的过程线,说明该监测量随时间而变化的规律、变化趋势,其趋势是否向不利方向发展。②同类物理量的分布曲线反映了该监测量随空间而变化的情况,有助于分析大坝有无异常征兆。

　　(2)统计各物理量的有关特征值。统计各物理量历年的最大值和最小值(包括出现时间、变幅、周期、年平均值及年变化趋势等)。

　　(3)判别监测物理量的异常值。主要进行以下判别:

　　①把监测值与设计计算值相比较;

　　②把监测值与数学模型预测值相比较;

　　③把同一物理量的各次监测值相比较,把同一测次邻近同类物理量监测值相比较;

　　④看监测值是否在该物理量多年变化范围内。

　　(4)分析监测物理量变化规律的稳定性。主要进行以下分析:

　　①历年的效应量与原因量的相关关系是否稳定;

　　②主要物理量的时效量是否趋于稳定。

　　(5)应用数学模型分析资料。对于监测物理量的分析,一般用统计学模型,亦可用确定性模型或混合模型。应用已建立的模型作预测,其允许偏差一般采用 $\pm 2s(s$ 为剩余标准差);分析各分量的变化规律及残差的随机性;定期检验已建立的数学模型,必要时予以修正。

　　(6)分析坝体的整体性。对纵缝和拱坝横缝的开度以及坝体挠度等资料进行分析,判断坝体的整体性。

　　(7)判断防渗排水设施的效能。根据坝基(拱坝拱座)内不同部位或同一部位不同时段的渗漏量和扬压力观测资料,结合地质条件分析判断帷幕和排水系统的效能。在分析时,应注意渗漏量随库水位的变化而急剧变化的异常情况,还应特别注意渗漏出浑浊水的不正常情况。

　　(8)校核大坝稳定性。重力坝的坝基实测扬压力超过设计值时,应进行稳定性校核。拱坝拱座出现上述情况时,也应校核其稳定性。

　　(9)分析巡视检查资料。应结合巡视检查记录和报告所反映的情况进行上述各项分析。

　　(10)评估大坝的工作。根据以上的分析判断,按上述有关规定对大坝的工作状态作出评估。

　　3. 监测资料分析的方法

　　资料分析的方法有比较法、作图法、特征值的统计法及数学模型法等。

　　(1)比较法。比较法有监测值与技术警戒值相比较,监测物理量的相互对比,监测成果与理论的或试验的成果(或曲线)相对照。

　　①技术警戒值是大坝在一定工作条件下的变形量、渗漏量及扬压力等设计值,或有足够的监测资料时经分析求得的允许值(允许范围),在蓄水初期可用设计值作为技术警戒值,根据技

术警戒值判定监测物理量是否异常。

②监测物理量的相互对比，是将相同部位(或相同条件下)的监测量作相互对比，以查明各自的变化量的大小、变化规律和趋势是否具有一致性和合理性。

例如，图 6-12(a)所示是某大坝在灌浆廊道内各测点的垂直位移分布图，图 6-12(b)所示是此大坝在灌浆廊道内测得的坝基垂直位移过程线，三条过程线相应的测点分别位于 25 号、30 号、33 号坝段。这些过程线表明在 1978 年上半年前，30 号坝段与 25 号坝段及 33 号坝段的观测值变化速率是不一致的。经检查发现，30 号坝段处在基岩破碎带范围内，于是对该坝段基岩部位进行了灌浆处理。从 1978 年下半年开始，30 号坝段的垂直位移增长速率与其他两坝段的垂直位移增长速率基本上就一致了。

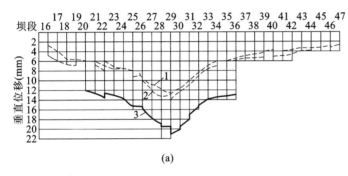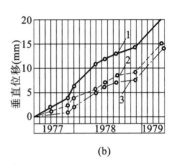

(a)　　　　　　　　　　　　　　　　(b)

图 6-12　坝基沉降监测结果

(a)沿大坝轴线垂直位移分布图(1,2—相应于 1978 年 8 月和 11 月的垂直位移；3—相应于 1979 年 4 月的垂直位移)；

(b)垂直位移过程线(1—30 号坝段；2—25 号坝段；3—33 号坝段)

③监测成果与理论的或试验的成果相对照，以比较其规律是否具有一致性和合理性。

例如，图 6-13 所示是某大坝的坝踵混凝土应力与上游水深之间的相关图。从这张相关图可以看出，第 32 号坝段实测坝踵部位混凝土应力曲线与上游水位的升高无关，且与按有限单元法计算的曲线及 39 号、26 号坝段坝踵部位实测应力的变化规律也不一致。经研究，第 32 号坝段坝踵接缝已经裂开，因而产生这种现象。

(2)作图法。根据观测资料分析的要求，画出相应的过程线图、相关图、分布图以及综合过程线图等。由图可直观地了解和分析观测值的变化大小及其规律，影响监测值的荷载因素和其对监测值的影响程度，监测值有无异常。

图 6-14 所示是根据变形过程线来判断监测值所处状态的示意图。

(3)特征值的统计法。特征值包括各物理量历年的最大值和最小值(包括出现时间)、变幅、周期、年平均值及年变化趋势等。通过特征值的统计分析，可以看出监测物理量之间在数量变化方面是否具有一致性和合理性。用数学模型法建立原因量(如库水位、气温等)与效应量(如位移、扬压力等)之间的关系是监测资料定量分析的主要手段，它分为统计学模型、确定性模型及混合模型。有较长时间的监测资料时，一般常用统计学模型(回归分析)。当有可能求出原因量与效应量之间的函数关系时，亦可采用确定性模型或混合模型。

观测分析方法从成果的形式看，还可以分为定性分析和定量分析两种。前者所得的认识较粗略，是分析的初步阶段；而后者则有数量的概念，认识前进了一步。但定性分析是定量分析的基础，对定量分析的质量好坏有直接影响，因此也应给予足够的重视，把定性分析切实做好。

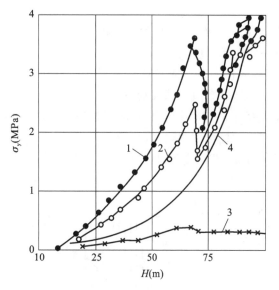

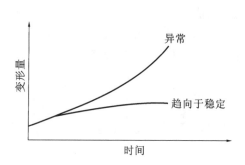

图 6-13 坝踵混凝土应力与上游水位之间的关系图

H—上游水位;1—39 号电站坝段;2—26 号非溢洪坝段;

3—32 号电站坝段;4—按有限单元法计算的曲线

图 6-14 变形量随时间的变化过程示意图

【案例】 云南糯扎渡水电站大坝监测

一、项目概况

糯扎渡水电站位于云南省普洱市思茅区与澜沧县交界处的澜沧江下游干流上,是澜沧江中下游水电站梯级"两库八级"开发方案中的第五级,也是梯级中两大水库之一,如图 6-15 所示。心墙堆石坝坝长 627.87m,坝顶宽 18m,坝顶高程为 821.5m,最大坝高为 261.5m,上游坝坡坡度为 1:1.9,下游坝坡坡度为 1:1.8。该坝是继小湾电站之后,澜沧江中下游梯级开发的又一控制性工程。

图 6-15 云南糯扎渡水电站大坝

二、大坝监测概况

大坝监测始于 2012 年,监测设备:GMX902GG 接收机 54 台、AR10 天线 54 台、TM30 测量机器人 5 台;软件系统:GNSS Spider、GeoMoS;通信设备:光纤通信。

三、方案设计

糯扎渡水电站枢纽工程安全监测系统，采用徕卡 GNSS 自动化监测系统和 TM30 测量机器人联合作业对大坝外观变形进行监测。GNSS 监测网由处于基岩上的 2 个基准点和坝体上的 52 个监测点组成，GNSS 监测点同时安装 360°棱镜同心装置，与大坝两岸山体上的 5 台 TM30 组成测量机器人监测系统，5 个 TM30 站点分别安装 1 套 GNSS 偏心装置，组成超站仪系统，从而实现 GNSS 和 TPS 一体化监测，如图 6-16 所示。

图 6-16　糯扎渡水电站枢纽工程安全监测系统

（1）TM30 监测系统通信方案（图 6-17）

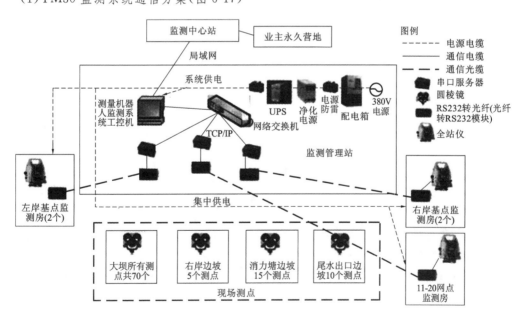

图 6-17　TM30 监测系统通信方案

（2）GNSS 监测系统通信方案（图 6-18）

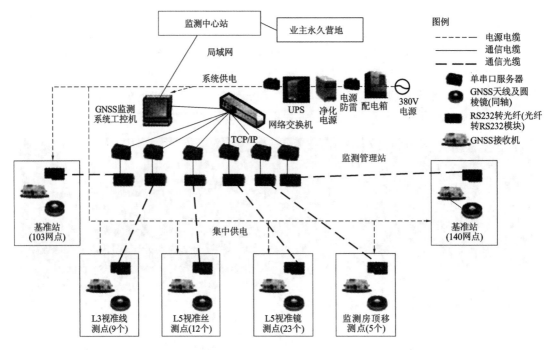

图 6-18　GNSS 监测系统通信方案

四、工程特点

(1)每个 GNSS 监测点都安装了 360°棱镜同心装置,因而 GNSS 和 TM30 测量机器人两套监测系统的数据可以相互检核。

(2)GNSS 监测系统采用双基站,2 个基准点可作稳定性校核,同时为整个变形控制网提供可靠的、高精度的基准数据。

(3)位于坝体上的棱镜监测点同时由 2 台 TM30 进行冗余监测,进一步保证了数据的可靠性。

五、应用效果

糯扎渡电站大坝外观变形自动化监测系统,一期工程完成了 30 套 GMX902GG 及 2 套 TM30 的安装调试工作,并集成到大坝监测管理系统中,实现了对部分坝体进行 24h 不间断变形监测,系统运行稳定,监测精度达到了设计要求。

思考与练习题

1.简述水利工程变形监测的基本任务。

2.水利大坝常用的监测方法有哪些?

3.试述不同类型大坝的监测方法的选择依据。

4.水利大坝监测的监测资料分析的内容有哪些?

实训　导线法大坝水平位移监测

一、作业准备

1.作业分组

实训小组由 3～5 人组成,分别司职观测员、记录员、扶尺员,设组长 1 人。

2.仪器配置

(1)每个实训小组配备精密电子全站仪 1 台、脚架 3 个。

(2)个人配备记录板、记录表格、铅笔、小刀等工具。

3.实训时间

实训时间为 4 个课时。

4.实训内容

(1)每个实训小组完成大坝导线点的布设。

(2)每个实训小组完成大坝导线点的观测、记录及高差计算。

(3)实训小组团体完成监测点位置计算。

5.实训目标

(1)掌握大坝水平位移监测点的布设。

(2)掌握大坝水平位移监测点观测。

(3)掌握大坝水平位移监测点的位置计算。

二、作业实施

1.大坝平面位移监测点的布设。

2.大坝平面位移监测的路线的选取。

3.大坝平面位移监测点的观测。

4.数据记录与计算。

三、作业要求与注意事项

1.作业依据:《水利水电工程施工测量规范》(SL 52—2015)

2.仪器严格整平,气泡要居中。

3.监测点布设在稳固牢靠的地方。

四、实训报告

　　姓名_____学号_____班级_____指导教师_____日期_____

［实训名称］

［目的与要求］

［仪器和工具］

［主要步骤］

［数据处理］

项目七　道路工程变形监测

【项目概述】

本项目介绍了道路工程中涉及的变形监测项目,包括公路工程变形监测、桥梁工程变形监测、高速铁路工程变形监测和地铁工程变形监测等内容,并针对每个监测项目详细讲述了变形监测的内容、变形监测方案的编制、变形监测方法等。最后以某高速公路变形监测实例说明了道路工程变形监测的主要内容。

任务1　公路工程变形监测

【任务介绍】

在现在的高等级公路建设中,有些公路工程中存在某些软土段的变形问题未处理好的情况,这是因为软土层厚的部分沉降较大,软土层薄或非软土段沉降较小,由此造成公路纵向沉降不均匀,路面的平整度受到影响,甚至发生路面断裂现象,使汽车无法高速行驶,严重威胁到公路交通工具的正常使用;特别是在桥头过渡段、地质条件不好的地段,此种问题更加突出。

【学习目标】

①掌握公路工程施工监测的原则。
②掌握公路工程施工现场监测的方案编制。
③了解公路工程施工现场监测的内容、目的和意义。
④熟悉公路工程施工现场监测工作的实施。

一、公路工程施工中软土地基的变形问题

我国地域辽阔,地形地貌呈多样化,且地质情况复杂多变,其中软土在我国分布极为广泛。软土地基具有抗剪强度低、透水性弱、压缩性高的特点,其工程力学性能较差。如果直接采用软土层作为地基,将会影响结构工程的稳定性和耐久性。另外,若软土地基处理不当,也会严重影响工程质量及其使用功能,甚至造成工程事故,给国民经济建设带来极大的损失。因此,在公路工程施工建设过程中,当路堤跨越软土区时,除了要保证其稳定外,还必须使其变形不至于过大。如果变形过大而超过允许值,将会带来过大的不均匀沉降,影响其正常使用。

对土体的力学性质进行分析,可知土体的变形问题主要包括地基沉陷和土体侧向位移。一般来说,如果土体侧向膨胀大,将会使其竖向位移加大,而且侧向变形过大往往是地基失稳的先兆。所以,在公路工程的路基设计中,应对土体的竖向变形和侧向变形给予足够的重视。基于此,为了在公路工程建设中,及时防止因设计和施工不完善而引起的意外工程事故,同时为了对工程建设的发展及施工情况进行评价处理,以及为公路的使用进行安全预测,必须进行公路建设的变形监测工作,尤其是对软土路堤的施工,在其填筑过程中和竣工后应对其固结强

度和位移情况进行严格的变形监测。

由于高速公路、高等级公路设计车速高,因而对路面平整性要求也高。而在软土地基上修筑高等级公路路堤,最突出的问题是稳定和沉降。因此,软土地基路堤的施工应注意监测填筑过程及以后的地基变形动态,对路堤施工实行动态监测。一般来说,软土路堤的施工监测主要有如下作用:

(1)可以保证路堤在施工中的安全和稳定;

(2)能正确预测施工后的沉降,使施工后的沉降控制在设计的允许范围之内;

(3)可以解决公路设计与施工中的疑难问题,并为以后类似工程的设计和施工提供第一手的可借鉴资料。

二、公路工程施工监测的原则

(1)变形监测点应布设在变形可能较显著的部位。一般而言,地基条件差、地形变化大、设计问题多的部位和土质调查点附近均应设置变形观测点,桥头纵向坡脚、填挖交界的填方端、沿河等特殊路段均应增加观测点。

(2)尽可能地在路堤的纵向或是横向布设较多的监测点,以便反映出路堤的真实变形情况。但监测点设置得过多,往往会使相应的监测费用增多,相应的监测工作量以及监测点的保护工作量均会大大增加,且会与施工进展相冲突而对施工造成不便。因而在具体设计监测方案中确定监测点的位置及数量时,应从满足监测要求和有利于施工的角度来考虑,一般路段沿纵向每隔100～200m设置一个监测断面,桥头路段应设计2～3个监测断面。

(3)沿河、临河等临空面大且稳定性差的路段,应进行路基土体内部水平位移监测。每层软土路基都需进行土体内部垂直和水平位移监测。

(4)各监测点的布设,应根据设计的要求,同时还应针对工程场地的地质、地形条件等情况综合考虑而确定。公路工程监测中的监测点,一般有三种,即工作基点、校核基点和变形观测点。各种监测用的标石桩的桩顶上应预埋刻有十字线的半球状测头。其中,工作基点作为控制变形观测点的基准点,应设在变形区以外,且为了保证工作基点的基准性和测点的长期观测,工作基点桩应采用废弃的钻探用无缝钢管或预制混凝土桩,埋置时要求打入硬土层中深度不小于2.0m,在软土地基中要求打入深度大于10m,且桩周顶部50cm采用现浇混凝土加以固定,并在地面上浇筑1.0m×1.0m×0.2m的观测平台,桩顶露出平台15cm,在顶部固定好基点测头。校核基点桩用以控制工作基点桩,要求布设在变形区以外地基稳定的地方,在平原地区要求采用无缝钢管或预制混凝土桩,并打入至岩层或具有一定深度的硬土层中,打入深度大于10m;在丘陵或岩体露头的区域,可采用预制混凝土桩打到硬土层或直接以坚硬的露头岩体作校核基点。校核基点四周必须采用永久性保护措施,并定期与工作基点桩校核。

各类测点在观测期间必须采取有效措施加以保护或由专人看管。测量标志一旦遭受碰损,应立即复位并复测。

(5)监测周期应根据工程变形的实施情况来确定。在施工期间,应每填筑一层进行位移监测1次;若两次填筑时间间隔较长,则每3d至少观测1次。路堤填筑完成后,堆载预压期间的观测应视路基稳定情况而定,一般半个月或每个月监测1次。

(6)当路堤稳定出现异常而可能失稳时,应立即停止加载并采取果断措施,待路堤恢复稳定后,方可继续填筑,并适当增加监测次数。

三、公路工程施工现场监测的方案编制

公路工程施工监测必须在施工前编制监测方案(也称监测大纲),制订详尽的监测实施计划。通常,制订的公路工程施工监测方案应确定以下所述的内容:

(1)确定监测路段及监测目的。一般除设计规定的路段外,均应按有关规范规定,确定具体的监测路段,以及监测要达到的目的。同时,还应考虑观测时的通视条件以及变形监测点的埋设条件。

(2)在明确路基施工的填筑材料、填筑速率、填筑质量控制标准与方法和填筑工艺的基础上,制定整个监测工作的流程及总的监测历程。

(3)提出施工期的沉降预测曲线。依据公路工程设计图纸及相应的工程地质资料,提出路堤施工坡率、沉降土方补加方式、不同处理形式路段以及与公路结构物相接路段的施工期沉降预测曲线。

(4)确定软土地基监测的监测项目及变形监测点的埋设位置。通常应根据工程的性质和重要性有选择性地确定监测项目。同时,为便于施工各观测数据的互相验证与分析,在确定监测项目的变形监测点埋设位置时,尽可能将同一个监测路段中的所有测点集中布置在同一个监测断面上,并绘制监测路段监测项目平面布置图和仪标布设断面图。在平面布置图中,应画出路堤范围、监测区段号、埋设仪标的断面桩号、各种仪标平面布设位置以及监测基准点的布设位置;在仪标布设断面图中,应具体标示出各种埋设仪标在各个监测断面中的水平向和垂直向的埋设位置。

图 7-1 所示为某监测段的测点布置平面示意图,图 7-2 所示为其对应的立面布置示意图。

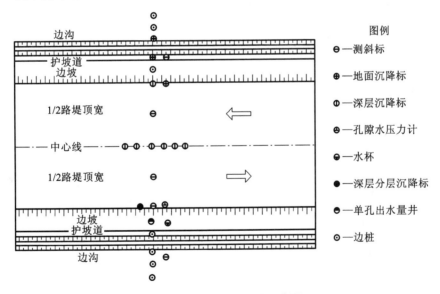

图 7-1　监测点平面布置示意图

(5)确定各监测项目所采用的监测仪器及所埋设仪标的名称或类型,制定监测规程及仪标埋设的要点和应达到的标准与要求。

(6)确定监测频率。根据不同监测项目的监测要求,确定出相应的监测频率。应注意,各个监测项目的初次观测务必准确,一般要求所有的监测仪标均应在地基处理后、路基填筑前埋

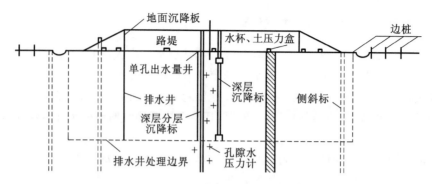

图 7-2　监测点立面布置示意图

设完毕,并相应完成所有仪标的初次观测读数。

(7)确定各监测项目的监测控制标准。

(8)确定监测人员及其相应的工作责任。

监测方案编制好后,应提交相关各方予以认定后方可实施,并应留存一份备档。

四、公路工程施工现场监测的内容、目的和意义

公路工程施工现场监测的主要内容为垂直和水平位移等变形监测,应力应变监测和其他监测。变形监测主要是进行土体沉陷量、土体水平位移和隆起量以及地下土体分层水平位移量的监测。公路工程施工现场监测的目的和意义如下所述:

(1)道路沉降量的监测,对现场施工来说,主要目的是进行沉降管理。在施工时,可以根据监测数据来调整填土速率,预测沉降发展趋势,相应地确定出预压、卸载时间和结构物及路面施工时间;还可以提供施工期间土方量计算依据。

(2)水平位移监测,主要用于路基土体的稳定管理,监视土体的水平位移和隆起情况,最终确保路堤施工的安全和稳定。

(3)地下土体分层水平位移监测,主要用于进行稳定管理与研究,掌握地下土体分层位移量,以推定土体剪切破坏的位置。该项目监测在设计确定为必要时才进行,一般不做。

(4)应力应变监测,主要是测定土体内部的应力应变分布情况。一般需其他专业的工程技术人员配合进行,本书将不作详细介绍。

公路工程施工现场监测,一般分为路堤填筑期监测、路堤预压期监测、路基底基层及路面施工期监测、竣工通车期监测四个阶段,各监测期均应有监测准备阶段、现场监测实施阶段、监测数据资料处理汇总阶段。

五、公路工程施工现场监测工作的实施

公路工程施工现场监测的项目有变形监测和应力应变监测以及其他监测。其中变形监测包括沉降监测和水平位移监测。公路工程施工中的沉降监测通常分为地面沉降监测、分层沉降监测和深层沉降监测;水平位移监测包括地面水平位移监测和土体分层水平位移监测。

1.公路工程变形监测工作的实施

目前,公路工程的变形监测方法仍然是以传统的地面测量方法为主,即利用几何水准测量、三角高程测量或角度测量、距离测量等,以测定工程体的沉降、位移、挠度和倾斜量及其动

态变形过程。由于电子水准仪、全站仪以及其他先进仪器的应用,使这类变形观测方法更加有效,有着更为广阔的应用前景。

为了实现实时监测,并使观测记录与数据处理自动化,研究人员研制了与外部设备连接的接口。随着计算机技术的发展,已建立了工程安全分析的预警报系统。同时,GPS测量技术现在已应用于工程变形监测工作中,这些均为自动化监测系统的全面使用奠定了基础。

(1)地面沉降监测

对施工路段的路堤施工进行沉降监测,主要是为了如下目的:通过监测来控制填土速率、预测地基固结情况,根据残余下沉量确定填方预留沉降量,且实测路堤沉降,为施工计量提供了依据。路堤地面沉降监测常用的方法是在原地面上埋设沉降板进行水准高程监测。

①地面沉降监测精度的确定。地面沉降监测的精度随道路施工期的进展而有所不同。一般而言,随着路基不断筑高,每层填筑的厚度逐渐减少,沉降增量也就逐步减小(由厘米级减小为毫米级)。沉降量越小,要求监测的精度便越高,对相应的仪器设备的要求也就越高。通常,在路堤填筑期,其沉降监测精度为 2～3mm;预压期及路面施工期的相应监测精度为 1～2mm。所以,在路堤填筑期常采用三等水准测量方法就可完成其沉降监测工作;但在预压期及路面施工期,为了保证监测精度,一般最好使用精密水准仪按二等水准测量要求来进行相应的沉降监测工作。水准仪必须定期检查和校正,确保 i 角在规定的要求范围内,同时也应满足配套使用的水准尺的质量要求。

②各监测水准点(即道路水准基准点)的布设。水准路线应沿公路路线布设,水准点应布设在公路中线两侧 50～300m 范围内。在道路工程中,所埋设的水准点有地面水准点、桥上水准点等几种,不同的水准点其具体埋设位置有不同要求。

a.地面水准点。地面水准点一般是在公路勘测的基础上由施工单位设立,通常应埋设在土质坚硬、稳定且便于长期保存和使用的地方,其密度应满足沉降监测要求,每隔 200m 左右设立一个,以便每测站观测的视距均不超过 80～100m,且只用一个测站就可完成变形监测点的沉降监测。水准点位置定好后,应埋设混凝土水准标石,并进行统一编号,标石应符合国家规定的等级水准测量标准。

b.桥上水准点。桥上水准点应根据施工情况进行设置。当路堤填筑到一定高度时,为了减少转点传递对观测成果的影响,提高监测工作效率,可以适时将作为监测基准的地面水准点转移到以灌注桩为基础的桥上,水准点位置可先转设在桥背面墙顶上。为了避免桥背面墙顶上施工磨面的影响,还应将桥上临时水准点再转设到桥中央分隔带的水泥板上。桥上水准点位置选定后,在桥背面墙施工时,可预埋一根长 20cm 的 ϕ20mm 钢筋,钢筋头露出混凝土上顶面 1～2cm,作为测量标志。

桥上水准点埋设好后,立即用二等(或三等)水准测量方法由地面水准点对其进行水准路线监测,以求得其高程值。为了保证沉降监测的监测质量,务必确保其在稳定可靠的情况下使用,一般要求每三个月对桥上水准点进行一次联测,然后通过与其初次观测值进行比较来证实桥上水准点的稳定可靠。

在一般的施工场地上,一般只需埋设地面水准点作为工作基点;但若进行桥梁路面施工,则需依据地面水准点建立桥上水准点,以便对桥面进行沉降监测。

③沉降板的制作与埋设。

a.沉降板的制作。在公路工程监测中,其路堤上各变形监测点的垂直位移监测一般采用沉降板进行。沉降板由钢底板或钢筋混凝土板、金属测杆和保护套管组成。图 7-3 所示为沉降板的制作示意图,制作时底板尺寸不小于 $50cm \times 50cm \times 2cm$,测杆直径以 4cm 为宜,保护套管尺寸以能套住测杆并留有适当空隙为宜。

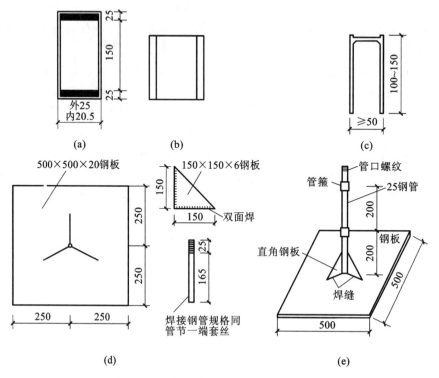

图 7-3　沉降板的制作示意图(单位:mm)

(a)管节(两端套丝);(b)管箍(标准件);(c)保护竹管帽(用毛竹锯成);(d)底座(一套);(e)沉降板总体示意图

b. 沉降板的埋设。在实施路堤的沉降监测工作时,应将沉降板埋设在路堤左右路肩和路中线的下部、原地面的上部。以下是沉降板的具体埋设过程:

在路基施工中,当整平地基,铺填第一层填料并进行压实后,应在预埋位置挖去填料至原地面,并将带有第一节沉降杆、护套、护盖的底板放入,使其紧贴原地面,回填夯实。在填料将与测杆头平齐时,打开杆护盖,采用水准测量方法依据地面水准点测定杆头标高,作为沉降监测的零期值(即初始值),然后盖好护盖,开始全面填筑下一层填料。

当第二层填料按照要求填筑到设计高度并压实后,可在路基上各个已设置了沉降板的地方挖去第二层填料,以露出护盖并打开护盖,用同样的方法测定杆头标高,则此次所测标高与第一次杆头标高之差,即为两次观测期间该测点的沉降量。测好后,连接下一节沉降杆、护管,并测定此时的测杆头的标高,作为下次量测的初始值。随后盖好护盖,回填夯实,继续填筑下一层填料,依次类推,每填一层,即可依据沉降杆来监测其相应的沉降量,直至施工结束。

特别要注意的是,在埋设沉降板和填筑填料时,应使护盖高度始终低于压实的填筑面以下 3～5cm,使沉降杆不被压坏。具体埋设与监测过程如图 7-4 所示。

④观测技术要求。在进行沉降监测时,需使用精密水准仪配合铟瓦水准尺按照国家规定的二等水准测量方法执行。某些情况下,若精度要求不是太高,也可按三等水准测量方法进行施测,但对起测基点的引测、校核,必须按二等水准测量方法进行,其相应的闭合差均不得超过

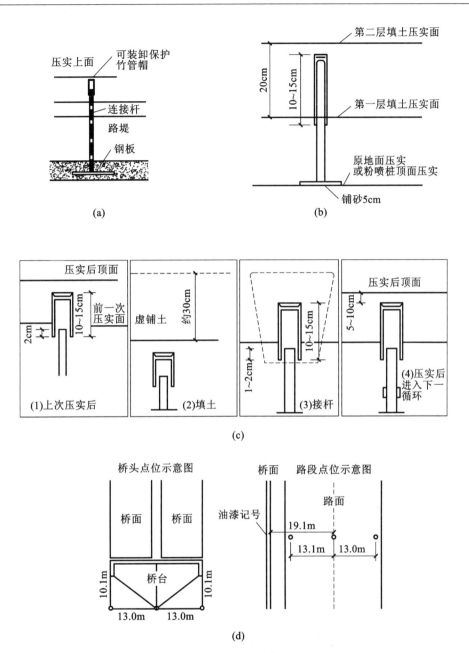

图 7-4　沉降板埋设与监测过程

(a)、(b)监测过程中沉降板埋设示意图;(c)沉降板接管程序图;(d)沉降监测点示意图

规范要求。通常按规定进行垂直位移观测时,竖向位移向下为正,向上为负。

(2)分层及深层垂直位移(沉降)监测

土体内部垂直位移(沉降)是通过在土体内埋设沉降标来进行监测的。沉降标一般分为分层标和深层标。分层标由导管和套有感应线圈的波纹管组成,波纹管套在导杆外面,管上感应线圈位置为监测点位置。分层标可以在同一根测标上,分别监测土体沿深度方向各层次及某一层土体的压缩情况。分层标深度可贯穿整个软土层,各分层测点布设间距一般为 1.0 m,甚至更密。深层标由主杆和保护管组成,主杆底端需有 50～100 cm 长的以增加阻力的标头,保护管可采用废弃的钻孔钢管。深层标是用来测定某一层以下土体压缩量的,所以深层标的埋设位置应根据实际需要确定。如果软土层较厚,排水处理又不能穿透整个层厚时,则深层标应埋设在排水井下未处理软土的顶面。深层标观测通常采用水准仪测量标杆顶端高程的方法进行。

分层沉降标的埋设和监测方法如下:

①分层沉降标一般埋设于路堤中心,观测孔要定位准确。

②在定位点上安装钻孔机用以成孔,钻孔直径为 ϕ108mm,成孔倾斜度不能大于 1°,且无塌孔、缩孔现象存在。遇到松散软土时,应下套管或用泥浆护壁。分层标的钻孔深度即为埋置深度(对深层标来说,其钻孔深度要在埋置深度以上 50cm),成孔后应予以清孔。

③沉降管底部要装有底盖,且底盖和各沉降管的连接处务必进行密封处理(一般用橡皮泥及防水胶带),以防止泥水进入沉降管。

④下沉降环的方法有多种,一般用波纹管将沉降环固定到沉降管上,用纸绳绑住三脚叉簧的头部,当沉降管埋设到指定位置后,纸绳在水的作用下自然断开,弹簧叉便弹开而伸入钻孔壁内的土中,以固定沉降管。

⑤沉降环埋设好后,应立即用沉降仪测量一次,对环的位置、数量进行校对,并对沉降孔口的高程进行测量。

⑥最后,在沉降管与钻孔之间的空隙用中粗砂进行回填,并用相应的表格记录各沉降管的埋设情况。

具体观测时先取下护盖,并测定管口标高,然后将测头沿沉降管徐徐放至孔底,打开电源开关,用测头从下而上依次测定各磁环位置。当测头接近磁环时,指示器开始发出信号,此时应减小上拉速度,在信号消失的瞬间,停止上拉,并读取测头至管口的距离。如此测完整个沉降管上的所有磁环,要求每测点应平行测定两次,读数差不得超过 ±2mm。根据测得的距离与管口标高即可计算出各磁环的标高,这样,通过计算磁环相邻两次所测标高之差即可得到测点(即磁环位置处)的沉降量。

分层沉降标埋设难度较大,且外露标管对施工影响也较大,又容易遭到碰损,所以一般埋设在路中心,一个监测断面埋设 1~2 根分层标。深层标按需要测试的深度在路中心设点埋设,但不宜埋设在车道位置。

(3)地面水平位移监测

对路基稳定性进行监测,最好的方法是埋设深层测斜管进行监测,但由于测斜管埋设难度大,测定工作量也大,对施工路段来说不太现实。因此,一般均通过观测地面位移边桩的水平位移和地表隆起量来获知路基稳定性,因为这种方法简单易测,常常在工程监测中使用。

为了对路堤下的地表土体进行水平位移监测,必须事先设计好监测标志并在监测时埋设在需监测水平位移的地方。通常情况下,为了不致造成过大的监测工作量,水平位移监测断面应与沉降监测断面位置吻合,即监测断面设于与路线垂直的轴线上,并打设水平位移边桩(用钢筋混凝土桩制成)作为监测标志。

①监测标志的制作与埋设。在公路工程的水平位移监测中,一般是用事先制作的钢筋混凝土桩作为变形监测标志。这种桩其混凝土强度等级应不低于 C25,长度应不小于 1.5m;断面可采用正方形或圆形,其边长或直径以 10~20cm 为宜,并要求在桩顶预埋不易磨损的观测头。

作为监测标志的边桩,一般埋设在路堤坡脚处。边桩的埋设深度以打入地表以下 1.2m 为宜,且桩顶露出地面的高度不应大于 10cm。埋设方法可采用打入或开挖埋设,最后将桩四周回填密实,桩四周上部50cm用混凝土浇筑固定,以确保边桩埋置稳定。

②观测方法。对监测桩进行水平位移观测时,可以选用视准线法、测小角法或单三角前方交会法进行。

通常视准线法要求布设三级点位,由位移标点和用以控制位移标点的工作基点以及用以控制工作基点的校核基点三部分组成。工作基点桩要求设置在路堤两端或两侧工作边桩的纵排或横排延长轴线上,且在地基变形影响区外,用以控制位移边桩。位移边桩与工作基点桩的最小距离以不小于2倍路基宽度为宜。单三角前方交会法要求位移边桩与工作基点桩构成三角网,并且通视。校核基点要求设置在远离施工现场和工作基点且地基稳定的地方。

(4)土体分层水平位移监测

土体分层水平位移监测一般用测斜仪进行。测斜仪按探头的传感元件不同,可分为滑动电阻式、电阻片式、钢弦式和伺服加速度式四种。测量方式一般采用活动式的,固定式的仅在活动式观测有困难或进行在线自动采集监测数据时采用。土体分层水平位移监测项目由于对测斜管的埋设要求很高,难度大,且相应的工作量也较大,故一般不作为常规施工路段的变形观测项目。但沿河、临河等临空面大且稳定性很差的路段,为防止施工中路基失稳或有效控制路基填筑速率,必要时需进行地基主体内部水平位移的监测。

2.公路工程应力应变监测工作的实施

软土地基的应力监测主要包括孔隙水压力、土压力监测等。由于这类监测工作不是传统的测量工作者能独立胜任的,需要一些相关的工程技术设计人员的协助才能完成数据监测采集工作和最后的变形分析工作,在此也就不予以介绍了,具体的实施方法,请参见相关工程监测书籍。

任务2 桥梁工程变形监测

【任务介绍】

桥梁工程监测的对象主要包括:桥梁的墩台、塔柱和桥面等。桥梁变形监测是桥梁运营期养护的重要内容,对桥梁的健康诊断和安全运营有着重要的意义。为了能及时地发现桥梁在运营过程中存在的隐患,有必要对桥梁的工作状态进行及时的分析与监控,为桥梁主管部门的决策提供依据,而这些工作都需要完整的监测数据。

【学习目标】

①掌握桥梁变形监测的主要内容。

②了解桥梁变形监测的主要方法。

③掌握桥梁基础垂直位移监测的方法。

④掌握桥梁挠度监测的方法。

一、桥梁工程变形监测的目的

桥梁监测数据可以为验证结构分析模型、计算假定和设计方法提供反馈信息,并可用于深入研究大跨度桥梁结构及其环境中的未知或不确定性问题。桥梁安全监测信息反馈于结构设计的更为深远的意义在于:结构设计方法与相应的规范、标准等可能得以改进,对桥梁在各种交通条件和自然环境下的真实状态的理解以及对环境荷载的合理建模是将来实现桥梁"虚拟设计"的基础。桥梁安全监测带来的不仅是对监测系统和某特定桥梁设计的反思,它还可能并应该成为桥梁研究的"现场实验室"。

二、变形监测的主要内容

桥梁变形按其类型可分为静态变形和动态变形,静态变形是指变形监测的结果只表示在某一期间内的变形值,它是时间的函数;动态变形是指在外力影响下而产生的变形,它表示桥梁在某个时刻的瞬时变形,是以外力为函数来表示的桥梁对于时间的变化。桥梁墩台的变形一般来说是静态变形,而桥梁结构的挠度变形则是动态变形。

1. 桥梁墩台变形监测

桥梁墩台的变形监测主要包括以下两方面:

(1)墩台的垂直位移监测。主要包括墩台特征位置的垂直位移和沿桥轴线方向(或垂直于桥轴线方向)的倾斜监测。

(2)墩台的水平位移监测。其中各墩台在上、下游的水平位移监测称为横向位移监测;各墩台沿桥轴线方向的水平位移监测称为纵向位移监测。两者中以横向位移监测更为重要。

2. 塔柱变形监测

塔柱在外界荷载的作用下会发生变形,及时而准确地监测塔柱的变形对分析塔柱的受力状态和评判桥梁的工作性态有十分重要的作用。塔柱变形监测主要包括:

(1)塔柱顶部水平位移监测;

(2)塔柱整体倾斜监测;

(3)塔柱周期变形监测;

(4)塔柱体挠度监测;

(5)塔柱体伸缩量监测。

3. 桥面挠度监测

桥面挠度是指桥面沿轴线的垂直位移情况。桥面在外界荷载的作用下将发生变形,使桥梁的实际线形与设计线形产生差异,从而影响桥梁的内部应力状态。过大的桥面线形变化不但影响行车的安全,而且对桥梁的使用寿命有直接的影响。

4. 桥面水平位移监测

桥面水平位移主要是指垂直于桥轴线方向的水平位移。桥梁水平位移主要由基础的位移、倾斜以及外界荷载(风、日照、车辆等)引起,对于大跨径的斜拉桥和悬索桥,风荷载可使桥面产生大幅度的摆动,这对桥梁的安全运营十分不利。

三、变形监测的主要方法

1. 垂直位移监测

垂直位移监测是定期地测量布设在桥梁墩台上的监测点相对于基准点的高差,求得监测点的高程,进而利用不同时期监测点的高程求出墩台的垂直位移值。垂直位移监测方法主要有以下几种:

(1)精密水准法。这是传统的测量垂直位移的方法,这种方法测量精度高,数据可靠性好,能监测建筑物的绝对沉降量。另外,该法所需仪器设备价格较低,能有效降低测量成本。但该方法的最大缺陷是劳动强度高、测量速度慢、难以实现观测的自动化,对需要高速同步观测的场合不太适合。

(2)三角高程测量法。这也是一种传统的大地测量方法,该法在距离较短的情况下能达到较高的精度,但在距离超过 400m 时,由于受大气垂直折光的影响,其精度会迅速降低。该法在高塔柱、水中墩台的垂直位移监测中有一定的优势。

(3)液体静力水准测量法(又称连通管测量法)。该法采用连通管原理,测量两点之间的相对沉降量。该法的优点是测量精度高、速度快,且可实现自动化连续观测。该法的主要缺点是测点之间的高差不能太大,且一般只能测量相对位移,另外,这种设备的总体价格较高,对中、小型工程不太适用。

(4)压力测量法。该法利用连成一体的压力系统,测量各点的压力值,当产生垂直位移时,系统内的压力将产生变化,利用压力的变化量可转换出高程的变化量,从而测出各点的垂直位移。该法一般只能测量两点之间的相对位移,且设备价格较高。

(5)GPS 测量法。GPS 除了可以进行平面位置测量外,还能进行高程测量,但高程测量的精度要比平面测量的精度低 1/2 左右。若采用静态测量模式,1h 以上的观测结果一般能达到 ±5mm 以内的测量精度;若采用动态测量模式,一般只能达到 ±40mm 的精度,经特殊处理过的数据,有时能达到 ±20mm 的精度。利用该法测量可以实现监测的自动化,但测量设备的价格较高,另外,动态测量的精度也不是很高。

2. 水平位移监测

测定水平位移的方法与桥梁的形状有关,对于直线形桥梁,一般采用基准线法、测小角法等;对于曲线桥梁,一般采用三角测量法、交会法、导线测量法等。

(1)三角测量法。在桥址附近,建立一个三角网,将起算点和变形监测点都包含在此网内,定期对该网进行观测,求出各监测点的坐标值,根据首期观测和以后各期观测的坐标值,可求出各监测点的位移值。三角网的观测可采用测角网、边角网、测边网等形式。

(2)交会法。利用前方交会、后方交会、边长交会等方法可测定位移标点的水平位移,该方法适用于对桥梁墩台的水平位移观测,也可用于塔柱顶部的水平位移观测。该法能求得纵、横向位移值的总量,投影到纵、横方向线上,即可获得纵、横向位移量。

(3)导线测量法。对桥梁水平位移监测还可采用导线测量法,将导线两端连接于桥台工作基点上,每一个墩上设置一导线点,它们也是观测点。这是一种两端不测连接角的无定向导线。通过重复观测,由两期观测成果比较可得观测点的位移。

(4)基准线法。对直线形的桥梁,测定桥梁墩台的横向位移以基准线法最为有利,而纵向位移可用高精度测距仪直接测定。大型桥梁包括主桥和引桥两部分,可分别布设三条基准线,主桥一条,两端引桥各一条。

(5)测小角法。测小角法是精密测定基准线方向(或分段基准线方向)与测站到观测点之间的小角的方法。由于小角观测中仪器和觇牌一般置于钢筋混凝土结构的观测墩上,故观测墩底座部分要求直接浇筑在基岩上,以确保其稳定性。

(6)GPS 测量法。利用 GPS 自动化、全天候观测的特点,在工程的外部布设监测点,可实现高精度、全自动的水平位移监测,该技术已经在我国的部分桥梁工程中得到应用。由于 GPS 观测不需要测点之间相互通视,所以,有更大的范围选择和建立稳定的基准点。

(7)专用方法。在某些特殊场合,还可采用多点位移计等专用设备对工程局部进行水平位移监测。

3.挠度监测

桥梁挠度测量是桥梁检测的重要组成部分。桥梁建成后,桥梁承受静荷载和动荷载作用,必然会产生挠曲变形,因此,在交付使用之前或交付使用后应对桥梁的挠度变形进行观测。桥梁挠度观测分为桥梁的静荷载挠度观测和动荷载挠度观测。静荷载挠度观测时,测定桥梁自重和构件安装误差引起的桥梁的下垂量;动荷载挠度观测时,测定车辆通过时在其重力和冲量作用下桥梁产生的挠曲变形。目前,常用的桥梁挠度测量方法主要有悬锤法、精密水准法、全站仪测量法、GPS测量法、液体静力水准测量法、测斜仪观测法、摄影测量法和专用挠度仪观测法等。

(1)悬锤法。该法设备简单、操作方便、费用低廉,所以在桥梁挠度测量中被广泛采用。该法要求在测量现场有静止的基准点,所以一般适用于干河床情形。另外,利用悬锤法只能测量某些观测点的静挠度,无法实现动态的挠度检测,也难以给出其他非测点的静挠度值。由于测量结果中包含桥墩的下沉量和支墩的变形等误差影响,因此,该法的测量结果精度不高。

(2)精密水准法。精密水准法是桥梁挠度测量的一种传统方法,该方法利用布置在稳固处的基准点和桥梁结构上的水准点,观测桥体在加载前和加载后的测点高程差,从而计算桥梁检测部位的挠度值。精密水准法是建立国家高程控制网及高精度工程控制网的主要手段,因此,其测量精度和成果的可靠性是不容置疑的。由于大多数桥梁的跨径都在1km以内,所以,利用水准测量方法测量挠度,一般能达到±1mm以内的精度。但采用该方法测量时,封桥时间长,效率较低。

(3)全站仪测量法。由于近年来全站仪的普及及其精度的提高,使得全站仪在许多工程中得到了广泛的应用。该方法的实质是利用光电测距三角高程法进行观测。在三角高程测量中,大气折光是一项非常重要的误差来源,但桥梁挠度观测一般在夜里进行,这时的大气状态较稳定,且挠度观测不需要绝对高差,只需要高差之差,因此,只有大气折光的变化对挠度有影响,而且该项误差相对较小。利用TC2003全站仪($0.5''$,$1mm+10^{-6}\times D$),在1km以内,全站仪观测法一般可以达到±3mm的精度。

(4)GPS测量法。目前,GPS测量主要有三种模式:静态、准动态和动态,各种测量模式的观测时间和测量精度有明显的差异。在通常情况下,静态测量的精度最高,一般可达毫米级的精度,但其观测时间一般要1h以上。准动态和动态测量的精度一般较低,大量的实测资料表明,在观测条件较好的情况下,其观测精度为厘米级。因此,对于大挠度的桥梁,应用GPS观测还是可以考虑的。

(5)液体静力水准测量法。液体静力水准仪的主要原理为连通管,利用连通管将各测点连接起来,以观测各测点间高程的相对变化。目前,静力水准仪的测程一般在20cm以内,其精度可达±0.1mm,另外,该方法可实现自动化的数据采集和处理。这项技术在建筑物的安全监测中已普遍应用,仪器的稳定性和数据的可靠性也相当有保障。

(6)测斜仪观测法。该法利用均匀分布在测线上的测斜仪,测量各点的倾斜角变化量,再利用测斜仪之间的距离累计计算出各点的垂直位移量。该法的最大缺陷是误差累积快,精度受到很大的影响。

(7)摄影测量法。摄影前,在上部结构及墩台上预先绘出一些标志点,在未加荷载的情况下,先进行摄影,并根据标志点的影像,在量测仪上量出它们之间的相对位置。当施加荷载时,再用高速摄影仪进行连续摄影,并量出在不同时刻各标志点的相对位置,从而获得动荷载时挠度连续变形的情况。这种方法外业工作简单,效率较高。

(8)专用挠度仪观测法。在专用挠度仪中,以激光挠度仪最为常见。该仪器的主要原理为:在被检测点上设置一个光学标志点,在远离桥梁的适当位置安置检测仪器,当桥上有荷载作用时,靶标随梁体震动的信息通过红外线传回检测头的成像面,通过分析将其位移分量记录下来。该方法的主要优点是可以全天候工作,受外界条件的影响较小。该方法的精度主要受测量距离的影响,在通常情况下,这种仪器的挠度测量精度可达±1mm。

四、桥梁基础垂直位移监测

桥梁基础垂直位移监测主要研究桥梁墩台空间位置在垂直方向上的变化。监测建筑物垂直位移的方法有多种,如:精密水准测量、连通管测量、GPS测量等,各种方法都有其自身的特点,在实际工程中,应根据工程特点和要求灵活应用。

1. 基点网的布设

为了观测墩台的垂直位移,需建立变形监测基点网,基点网由基准点和工作基点组成。在布设基准网时,首先应选好基准点。为了使选定的基准点稳定牢固,基准点应尽量选在桥梁承压区之外,但又不宜离桥梁墩台太远,以免加大施测工作量及增大测量的累积误差,一般来说,以不远于桥梁墩台1~2km为宜。基准点需成组埋设,以便相互检核。

工作基点一般选在桥台或其附近,以便于观测布设在桥梁墩台上的监测点,测定各桥墩相对于桥台的变形。而工作基点的垂直变形可由基准点测定,以求得监测点相对于稳定点的绝对变形。

沉降监测的基准点最好埋设在稳固的基岩上,这样既节约经费,又能使基准点稳定可靠。当工程所在区域的覆盖层很厚时,可建立深埋钢管标作为基准点。另外,在大型桥梁工程的施工初期,为验证设计数据,一般会建立一定数量的试验桩,这些试验桩有的已和深层基岩紧密相连,有良好的稳定性。因此,在试验桩顶部建立水准标点,可以成为良好的工作基点,甚至可以作为基准点使用。

基点网的监测一般采用精密水准测量方法进行,其精度一般要比日常沉降监测的精度高一个等级。

2. 监测点的布设

在布设监测点时,应遵循既要均匀又要有重点的原则。均匀布设是指在每个墩台上都要布设监测点,以便全面判断桥梁的稳定性;重点布设是指对那些受力不均匀部位、地基基础不良部位或结构的重要部分,应加密监测点,主桥桥墩尤应如此。

主桥墩台上的监测点,应在墩台顶面的上、下游两端的适宜位置处各埋设一点,以便研究墩台的沉降和不均匀沉陷(即倾斜变形)。

3. 垂直位移监测

所谓垂直位移监测,就是定期地测量布设在桥梁墩台上的监测点相对于基准点的高差,以求得监测点的高程,并将不同时期监测点的高程加以比较,得出墩台的垂直位移值。监测点的观测,一般应根据实际情况将监测点布设成附合水准路线或闭合路线。

监测点观测包括引桥监测点观测和水中桥墩监测点观测。由于引桥监测点是在岸上,其施测方法与一般水准测量方法相同。对水中监测点,其观测路线方案为从一个墩到另一个墩逐个观测,可以采用跨河水准测量,但这样做工作量较大,故改为跨墩水准测量。即把仪器设置于一个墩上,而观测后、前视两个相邻的桥墩,形成跨墩水准测量。按跨墩水准测量施测时,考虑到其照准误差、大气折光误差等急剧增加,因而针对跨墩水准测量的作业,必须采取一定的措施来提高观测精度。

五、桥梁挠度监测

对于大型桥梁,其挠度监测的内容一般是指桥面的挠度监测,而对于斜拉桥和悬索桥还应包括索塔的挠度监测。

1. 索塔挠度监测

(1)监测目的

索塔的挠度是指在高度方向上索塔各点的水平位移分布情况,它包括桥轴线方向的水平位移和垂直于桥轴线方向的水平位移。

索塔是斜拉桥、悬索桥的基本构件之一,其产生挠度变形的原因主要有以下三个方面:

①由于索塔两侧的拉力不等,而使索塔在顺桥向产生挠度变形;

②由于索塔受风力、日照等外界环境因素的影响,而产生挠度变形;

③由于设计与施工的不合理性,而使索塔产生额外的变形。

对索塔进行挠度监测的目的主要有以下三点:

①在索塔建设过程中,随着索塔高度的增加,挠度变形的幅度也急剧增大。只有准确地掌握索塔摆动和扭转的规律,才能有效地指导施工和相应的施工测量工作。

②在大桥钢箱梁吊装过程中,由于施工原因,致使索塔两侧受力不平衡,从而使索塔在顺桥向产生一定的偏移。这种偏移有时可达几十厘米。为了将这种变形限制在一定范围内,不致使其危及索塔安全,需对此变形进行观测。

③为了延长桥梁的使用寿命,验证工程设计与施工的效果,并为科学研究提供资料,应该对桥梁进行变形监测。

由于索塔属于变形比较敏感的塔形构造物,按照《工程测量标准》(GB 50026—2020)中规定的三等变形监测的精度要求,变形点的点位中误差应不超过±6mm。对于变形监测的周期,在工程施工阶段,可根据影响索塔受力情况的具体工况而定(如钢箱梁的吊装、混凝土的浇筑、斜拉索的张拉等);为了观察索塔一昼夜的变形规律,一般每小时进行一次观测;工程竣工并投入运营后,应定期观测,一般为半年或一年观测一次。

索塔挠度变形监测的常用方法有:①交会法(测角、测边、边角交会);②全站仪极坐标法;③天顶距测量法;④倾斜仪法等。另外,对于垂直的直线形索塔还可采用垂线法观测。由于交会法观测时需要在多个控制点上设站,监测较费时间,而目前全站仪已相当普及,且具有高精度、自动化等特点。因此,全站仪极坐标法成为当前挠度监测的主要方法。

(2)控制网的布设

变形监测控制网由基准点与工作基点构成,基准点应埋设在变形区域以外稳固的基岩或原状土中,且能长期保存,工作基点应埋设在索塔附近便于观测的地方。为方便观测,控制点一般都应建立混凝土观测墩,并埋设强制归心底盘。由于索塔面积相对较小,因此,变形监测控制网一般不再分级。

为保证控制网的精度和可靠性,控制点应组成合适的网形,目前,一般用大地四边形即能达到较好的效果。变形监测控制网应充分利用施工控制网点,在精度和稳定性满足要求的情况下,甚至可以不再另设变形监测网。

控制网的精度应根据工程的实际情况决定,主要应考虑索塔实际的变形量、所采用的测量方法、监测的目的和工程的规模等。目前,控制网最弱点的点位中误差一般要求在±5mm 以内。

变形监测网的观测方法主要有两种:全站仪观测和 GPS 观测。由于目前全站仪的测距和测角精度都很高,且变形监测网的点数一般较少,因此,在实际工程中,大多采用全站仪观测。当利用 GPS 进行观测时,应根据实际情况确定控制网的投影面,并利用测距仪对观测基线进行检核。

由于工作基点大多位于江边,点位稳定性较差,所以,每隔一定时间需对控制网进行复测。根据多期复测结果,可对控制点的稳定性进行评价。控制点的稳定性分析可采用拟稳平差的方法进行。

(3)测点的布设

监测点在索塔上布设的位置和数量,应以能反映索塔摆动和扭转的变形特征为原则,同时要有利于观测。为此,在实际布点时,应首先从整体出发,在塔柱的不同高程上布设测点,以反映索塔在不同高度处的摆动幅度,具体的测点间隔应根据塔柱的高度等因素确定,一般以每隔30m 左右布设一点为宜。另外,在测点布设时,还应考虑塔柱的变形特征,因此,一般需在塔柱顶部、各横梁处布设测点。为便于分析索塔的扭转变形,在同一高度断面上一般应布设两个监测点。

为便于在岸上观测照准,测点一般都应布设在江岸一侧。为便于观测,每个监测点上都应预埋强制对中装置,或者埋设永久性照准标志。

(4)监测的实施

挠度监测的方法较多,不同方法其监测步骤也不相同,下面仅以全站仪极坐标法为例说明其观测过程。

全站仪极坐标法观测过程相当简单,当在工作基点上安置好仪器,输入测站点坐标并配置起始方位角后,只要一次照准反射棱镜,仪器即可测出方位角和距离,计算并显示变形点的坐标。将测量结果与变形点第一次测量所得坐标进行比较,就得出变形点的二维偏移量。

用全站仪极坐标法观测时,如果始终在同一点上设站,后视方向也始终为同一方向,则各工作基点间的误差不会影响测量精度。又因工作基点和照准点上都采用了强制对中装置,所以全站仪极坐标法的点位误差主要来源是测角误差和测距误差。

2.主梁挠度监测

主梁的挠度变形是主梁结构状态改变最灵敏、最精确的反映,因此,对主梁进行挠度监测能够更为准确地把握主梁结构内力状态的改变。另外,部分结构的损伤也将导致主梁挠度情况的异常,通过对主梁挠度的监测也可识别出这些损伤来。因此,主梁挠度的监测对于结构内力状态及损伤识别均有重要意义。通过挠度监测可以达到以下目的:①修正结构内力反演的结果,确保内力状态的识别精度;②进行基于刚度变化的损伤识别。

目前,主梁挠度监测的主要方法有:水准测量法、全站仪测量法、专用挠度仪测量法、动态 GPS 测量法、液体静力水准测量法、连通管测压法等。前三种方法一般需封闭桥梁才能进行观测,且需要的时间较长,不利于桥梁的运行管理;液体静力水准测量对测点的高差有较高的要求,虽测量精度高,但测程较小,在有些场合限制了该法的应用。因此,目前大型桥梁的长期挠度监测主要采用动态 GPS 测量和连通管测压两种方法。

任务 3　高速铁路工程变形监测

【任务介绍】

　　高速铁路线路长,路基、桥梁、涵洞、隧道工程量大,沿线复杂地质条件对工程建设影响大,线下构筑物变形是无砟轨道铁路的重要参数,一直贯穿于设计、施工、运营养护、维修各阶段,为使这一重要参数所获取的数据科学、可靠并连续,在工程设计阶段,应对变形测量进行规划、设计。变形监测工作精度要求高,受施工干扰大,因此,在变形监测工作开展以前应由监测单位制定详细的监测方案,确保变形监测工作的顺利实施。

【学习目标】

　　①了解高速铁路变形监测点的分类。
　　②掌握高速铁路变形监测的等级划分及精度要求。
　　③熟悉高速铁路水平位移监测网的主要技术要求。
　　④熟悉高速铁路垂直位移监测网的主要技术要求。

　　高速铁路无砟轨道对线下工程的工后沉降要求十分严格,因为轨道板施工完后只能通过扣件进行调整,而扣件调整范围为−4～+26mm。因此,要求高速铁路无砟轨道施工前应对线下构筑物沉降、变形进行系统观测与分析评估,符合设计要求后方可施工。本任务有关路基、桥涵、隧道变形测量的相关规定,主要针对高速铁路无砟轨道对线下工程施工变形监测及工后沉降评估而制定。运营期间的变形监测可参照相关条款执行。

　　初始状态的观测数据,是指监测体未受任何变形影响因子作用或变形影响因子没有发生变化的原始状态的观测值。这种状态是首次变形观测的理想时机,但实际作业时,由于受各种条件的限制而较难把握。因此,首次观测应选择尽量达到或接近监测体的初始状态的时候,以便获取监测体变形全过程的数据。

　　变形监测网与施工控制网联测的目的是为了掌握监测点变形与工程设计位置的偏差。

一、高速铁路变形监测点的分类

　　变形监测点的分类是按照变形监测精度要求高的特点,以及标志的作用和要求不同确定的,将其分为以下三种:

　　(1)基准点是变形监测的基准,其点位要具有更高的稳定性,且须建立在变形区以外的稳定区域。其平面控制点位,一般要有强制归心装置。

　　(2)工作基点是作为高程和坐标的传递点使用的,在观测期间要求稳定不变。其平面控制点位,也要具有强制归心装置。

　　(3)变形监测点,直接埋设在能反映监测体变形特征的部位或监测断面两侧。要求结构合理、设置牢固、外形美观、观测方便且不影响监测体的外观和使用。

二、变形监测的等级划分及精度要求

　　变形监测的精度等级,是按变形监测点的水平位移点位中误差、垂直位移的高程中误差或相邻变形监测点的高差中误差的大小来划分的。它是根据我国变形监测的经验,并参考国外规范有关变形监测的内容确定的。其中,相邻点高差中误差指标,是为了满足一些只要求测量相对沉降量的监测项目而规定的。

变形监测分为四个精度等级,一等适用于高精度变形监测项目,二、三等适用于中等精度变形监测项目,四等适用于低精度的变形监测项目。变形监测的精度指标值,是综合了设计和相关施工规范已确定了的允许变形量的 1/20 作为测量精度值,这样,在允许变形范围之内,可确保建(构)筑物安全使用,且每个周期的监测值能反映监测体的变形情况。

三、有关水平位移监测网的主要技术要求

相邻基准点的点位中误差,是制定相关技术指标的依据。但变形监测点的点位中误差,是相对于邻近基准点而言的;而基准点的点位中误差,是相对于相邻基准点而言的。理论上,监测基准网的精度采用高于或等于监测网的精度,但如果提高监测基准网点的精度,无疑会给高精度监测带来困难,加大工程成本,故两者采用相同的点位中误差系列数值。换句话说,监测基准网的点位精度和监测点的点位精度要求是相同的。

为了让变形监测的精度等级(水平位移)一、二、三、四等和工程控制网的精度等级系列一、二、三、四等相匹配或相一致,仍然取 0.7″、1.0″、1.8″ 和 2.5″ 作为相应等级的测角精度序列,取 1/300000、1/200000、1/100000 和 1/80000 作为相应等级的测边相对中误差精度序列,取 12、9、6、4 测回作为相应等级的测回数序列,取 1.5mm、3.0mm、6.0mm 和 12.0mm 作为相应等级的点位中误差的精度序列。需要说明的是,相应等级监测网的平均边长是保证点位中误差精度等级的一个基本指标。布网时,监测网的平均边长可以缩短,但不能超过该指标,否则点位中误差精度等级将无法得到满足。平均边长指标也可以理解为相应等级监测网平均边长的限值。以四等网为例,其平均边长最多可以放长至 600m,否则点位中误差将达不到 12.0mm 的监测精度要求。

对于测角中误差为 1.8″ 和 2.5″ 的水平位移监测基准网的测回数,采用相应等级工程控制网的传统要求。对于测角中误差为 0.7″ 和 1.0″ 的水平位移监测基准网的测回数,分别规定为:1″ 级仪器 12 测回和 9 测回,0.7″ 级仪器 9 测回和 6 测回。主要是由于变形监测网边长较短,目标成像清晰,加之采用强制对中装置,根据理论分析并结合工程测量部门长期的变形监测基准网的观测经验,参照《工程测量标准》(GB 50026—2020)制定出相应等级的测回数。

四、有关垂直位移监测网的主要技术要求

相邻基准点的高差中误差,是制定相关技术指标的依据。但变形监测点的高程中误差,是相对于邻近基准点而言的,它与相邻基准点的高差中误差概念不同。

取水准观测的往返较差或环线闭合差为每站高差中误差的 $2\sqrt{n}$ 倍,取检测已测高差较差为每站高差中误差的 $2\sqrt{(2n)}$ 倍,作为各自的限值,其中 n 为测站数。

区域地面沉降监测是高速铁路建设和运营期间的一项重要工作。结合京沪高速铁路区域地表沉降监测的实际工作经验及国家铁路局相关科研项目的初步研究成果,可采用传统的水准测量、现代遥感技术(InSAR)、分层桩等多种技术进行监测,监测成果可以相互补充和检核,以得到准确的区域地面沉降信息,并对区域沉降发展趋势进行预测,评估其对高速铁路建设和安全运营维护的影响。

任务4　地铁工程变形监测

【任务介绍】

　　随着城市建设的飞速发展和城市人口的急剧增加,城市交通已经不能单纯依靠地面道路来维持,地下铁路已经在各大城市中被广泛引入,有效地缓解了城市交通拥挤堵塞的状况。对地铁工程进行变形监测非常重要,本任务主要介绍地铁监测的项目和方法。

【学习目标】

　　①了解地铁工程施工监测方案的编制方法、常见监测仪器的使用方法。

　　②掌握地铁工程变形监测中常用的沉降监测、位移监测等的选点布网、数据的获取、资料的整理、变形曲线的绘制、监测报告的编写等。

　　③掌握地铁工程监测的常用方法,并结合实例来说明地铁工程监测的具体实施过程。

一、地铁工程变形监测概述

　　地铁施工主要采用明挖回填法、盖挖逆筑法、喷锚暗挖法、盾构掘进法等施工方法,明挖回填法通常会严重影响地面交通,所以较少使用。现代城市地铁施工中主要施工方法是盾构掘进法。地铁工程主要包括基坑工程和隧道工程。本任务重点介绍盾构掘进法施工时需要进行的变形监测工作。

　　1.地铁隧道施工的方法

　　(1)明挖回填法

　　明挖回填法是指先将隧道部位的岩(土)体全部挖除,然后修建洞身、洞门,再进行回填的施工方法。明挖回填法具有施工简单、快捷、经济、安全的优点,城市地下隧道式工程发展初期都把它作为首选的开挖技术。其缺点是对周围环境的影响较大。明挖回填法的关键工序是:降低地下水位,边坡支护,土方开挖,结构施工及防水工程等。其中边坡支护是确保安全施工的关键技术。

　　(2)盖挖逆筑法

　　盖挖逆筑法是先建造地下工程的柱、梁和顶板,然后上部恢复地面交通,下部自上而下进行土体开挖及地下主体工程施工的一种方法。盖挖逆筑法施工大致分为两个阶段,第一阶段为地面施工阶段,包括围护墙、中间支承桩、顶板、土方及结构施工;第二阶段为洞内施工阶段,包括土方开挖、结构与装修施工和设备安装。

　　(3)喷锚暗挖法

　　喷锚暗挖法是在隧道开挖过程中,隧道已经开挖成型后,将一定数量、一定长度的锚杆按一定的间距垂直锚入岩(土)体,在锚杆外露端挂钢筋网,再在隧道表面喷射混凝土,使混凝土、钢筋网、锚杆组成一个防护体系的施工方法。当埋深较浅时,一般会增加超前小导管或长管棚的设计,此时又叫作浅埋暗挖法。

　　(4)盾构掘进法

　　盾构掘进法是隧道工程施工中运用的一项新型施工技术,它是将隧道的掘进、运输、衬砌、安装等各工序综合为一体的施工方法,具有自动化程度高、施工精度高、不受地面交通和建筑物影响等优点,目前已广泛应用于地铁、铁路、公路、市政、水电等隧道工程中。

盾构隧道掘进机是一种隧道掘进的专用工程机械,现代盾构掘进机集光、机、电、液、传感、信息技术于一体,具有开挖切削土体、输送土碴、拼装隧道衬砌、测量导向纠偏等功能。地铁盾构施工是从一个车站的预留洞推进,按设计的线路方向和纵坡进行掘进,再从另一个车站的预留洞中推出,以完成地铁隧道的掘进工作。

2.地铁工程变形监测的目的和意义

地铁在施工建设和运营过程中,必然会产生一定的沉降,若沉降量超过一定限度或者是产生了不均匀沉降,将会引起基坑及隧道结构的变形,严重影响工程安全施工和运营,甚至造成巨大的生命和财产安全事故。实际施工的工作状态往往与设计预估的工作状态存在一定的差异,有时差异程度很大,所以在地铁工程基坑开挖及支护、隧道掘进和围护施工期间应开展严密的现场监测,以保证施工的顺利进行。

地铁工程变形监测的主要目的是通过对地表变形、围护结构变形、隧道开挖后侧壁围岩内力的监测,掌握围岩与支护的动态信息并及时反馈,指导施工作业和确保施工安全。经过对监测数据的分析处理和必要的判断后,进行预测和反馈,以保证施工安全和地层及支护的稳定。对监测结果的分析,可应用到其他类似工程中,作为指导施工的依据。

地铁工程变形监测的主要意义体现在以下几个方面:

(1)监测基坑及隧道稳定和变形情况,验证围护结构、支护结构的设计效果,保证基坑稳定、隧道围岩稳定、支护结构稳定、地表建筑物和地下管线的安全;

(2)通过对基坑及隧道各项监测的结果进行分析,为判断基坑、结构和周边环境的稳定性提供参考依据;

(3)通过监控量测,验证施工方法和施工手段的科学性和合理性,以便及时调整施工方法,保证工程施工安全;

(4)通过量测数据的分析处理,掌握基坑和隧道围岩稳定性的变化规律,修改或确认设计及施工参数,为今后类似工程的建设提供经验。

3.地铁隧道监测方案的编制依据

地铁隧道监测方案的编制依据包括:

(1)工程设计施工图;

(2)工程投标文件及施工承包合同;

(3)工程有关管理文件及有关的技术规范和要求;

(4)《地铁工程监控量测技术规程》(DB 11/490—2007);

(5)《城市轨道交通工程测量规范》(GB/T 50308—2017);

(6)《地下铁道工程施工质量验收标准》(GB/T 50299—2018)(两册);

(7)《建筑变形测量规范》(JGJ 8—2016);

(8)《建筑基坑工程监测技术标准》(GB 50497—2019);

(9)《工程测量标准》(GB 50026—2020);

(10)《国家一、二等水准测量规范》(GB/T 12897—2006)。

二、地铁工程变形监测的内容

地铁在修建施工中,监测工作的内容总体上有地层沉降监测、水平位移监测、支护结构变形监测(包括支护体系的沉降、水平位移和挠曲变形)、支护结构的内力监测(包括支撑杆件的轴力监测和围护结构的弯矩监测)、地下水土压力和变形的监测(包括土压力监测和孔隙水压力监测、地下水位监测、深层土体位移监测、基坑回弹监测)、建筑物或桥梁的变形监测(沉降监测、水平位移监测、倾斜监测和裂缝监测)、地下管线变形监测、既有地铁监测等。

地铁工程主要分为基坑工程和隧道工程两部分,下面分别介绍其监测的内容。

1.地铁基坑工程施工监测的主要内容

地铁基坑工程施工监测的内容分为两大部分,即围护结构和相邻环境的监测。围护结构按支护形式不同又有土钉墙围护、桩、连续墙围护等,同时结合横撑、腰梁、锚索等加强措施。因此,围护结构监测一般包括围护桩墙、支撑、腰梁和冠梁、立柱、土钉、锚索等项。相邻环境监测包括监测相邻地层、地下水、地下管线、相邻房屋等内容。综合各类基坑,一般地铁基坑工程施工监测内容详见表7-1。

表 7-1　地铁基坑工程施工监测项目一览表

序号	监测对象		监测项目	测试元件与仪器
1	围护结构监测	围护桩墙	墙顶水平位移与沉降	精密水准仪、经纬仪
			桩墙深层挠曲	测斜仪
			桩墙内力	钢筋应力传感器、频率仪
			桩墙水平土压力	土压计、渗压计、频率仪
2		水平支撑	轴力	钢筋应力传感器、频率仪、位移计
3		腰梁和冠梁	内力	钢筋应力传感器、频率仪
			水平位移	经纬仪
4		土钉	拉力	钢筋应力传感器、频率仪
5		锚索	拉力	锚索测力传感器、频率仪
6		立柱	沉降	精密水准仪
7		基坑底	基坑底部回弹隆起	PVC管、磁环分层沉降仪或水准仪
8	相邻环境监测	地层	地面水平位移与沉降	精密水准仪、经纬仪
			地中水平位移	测斜管、测斜仪
			地中垂直位移	PVC管、磁环分层沉降仪或水准仪
			土压力	土压计
9		地下水	坑内地下水位	水位管、水位计
			坑外地下水位	水位管、水位计
			孔隙水压力	水压计
10		建筑物	地下管线水平位移与沉降	精密水准仪、经纬仪
			道路水平位移与沉降	精密水准仪、经纬仪
			建筑物水平位移与沉降	精密水准仪、经纬仪
			建筑物倾斜	经纬仪、垂准仪
			道路与建筑物裂缝	裂缝监测仪等

2.地铁隧道工程施工监测的主要内容

地铁隧道监测通常分为施工前和施工中两个阶段,隧道开挖前的监测主要是进行原位测试,即通过地质调查、勘探,直接剪切试验,现场试验等手段来掌握围岩的特征,包括围岩构造、物理力学性质、初始应力状态等。施工中监测主要是对围岩与支护的变形、应力(应变)以及相互间的作用力进行观测。一般地铁暗挖隧道工程施工监测内容详见表7-2。

表 7-2　地铁暗挖隧道施工监测项目一览表

序号	监测项目	方法和工具
1	地质和支护状况	地层土性及地下水情况,地层松散坍塌情况及支护裂缝观察或描述
2	洞内水平收敛	各种类型收敛计,全站仪非接触量测系统
3	拱顶下沉、拱底隆起	水平仪、水准尺、挂钩钢尺、全站仪非接触量测系统
4	地表沉降	水平仪、水准尺、全站仪
5	地中位移(地表钻孔)	PVC管、磁环、分层沉降仪、测斜仪及水准仪
6	围岩内部位移(洞内设点)	洞内钻孔安装单点、多点杆或钢丝式位移计
7	围岩压力与两层支护间压力	各种类型压力盒
8	衬砌混凝土应力	钢筋应力传感器、应变计、频率仪
9	钢拱架内力	钢筋应力传感器、频率仪
10	二衬混凝土内钢筋内力	钢筋应力传感器、频率仪
11	锚杆轴力及拉拔力	钢筋应力传感器、应变片、应变计、频率仪
12	地下水位	水位管、水位计
13	孔隙水压力	水压计、频率仪
14	前方岩体性态	弹性波、地质雷达
15	爆破震动	测震仪
16	周围建筑物安全监测	水平仪、经纬仪、垂准仪

3.地铁盾构隧道补充施工监测的主要内容

盾构隧道监测的对象主要是土体介质、隧道结构和周围环境,监测的部位包括地表、土体内、盾构隧道结构,以及周围道路、建(构)筑物和地下管线等,监测类型主要是地表和土体深层的沉降和水平位移,地层水土压力和水位变化,建(构)筑物及其基础和地下管线等的沉降和水平位移,盾构隧道结构内力、外力和变形等,具体见表7-3。

表 7-3　地铁盾构隧道施工监测项目一览表

序号	监测对象	监测类型	监测项目	测试元件与仪器
1	隧道结构	结构变形	隧道结构内部收敛	收敛计、伸长杆尺
			隧道、衬砌环沉降	水准仪
			管片接缝张开度	测微计
			隧道洞室三维位移	全站仪
		结构外力	隧道外测水土压力	孔隙水压力计、频率计
			轴向力、弯矩	钢筋应力传感器、环向应变仪、频率计
		结构内力	螺栓锚固力	钢筋应力传感器、频率计、锚杆轴力计
			管片接缝法向接触力	钢筋应力传感器、频率计、锚杆轴力计

续表 7-3

序号	监测对象	监测类型	监测项目	测试元件与仪器
2	地层	沉降	地表沉降	水准仪
			土体沉降	分层沉降仪、频率计
			盾构底部土体回弹	深层回弹桩、水准仪
		水平位移	地表水平位移	经纬仪
			土体深层水平位移	测斜管、测斜仪
		水土压力	水土压力(侧、前面)	土压力盒、频率仪
			地下水位	水位管、水位计
			孔隙水压力	渗压计、频率仪
3	相邻环境、周围建(构)筑物、地下管线、铁道、道路		沉降	水准仪
			水平位移	经纬仪
			倾斜	经纬仪
			裂缝	裂缝计

三、地铁工程监测点布置要求及监测频率

1. 地铁工程监测点的布置要求

根据地铁工程的安全等级以及相关规范、设计的要求,并结合施工现场实际情况,测点布置应按以下要求进行:

(1)监测点应布置在预测变形和内力的最大部位,影响工程安全的关键部位,工程结构变形缝、伸缩缝及设计特别要求布点的地方。

(2)围护桩(墙)体内力测点布设原则:一般在支撑的跨中部位、基坑的长短边中点、水土压力或地面超载较大的部位布设测点,基坑深度变化处以及基坑的拐角处宜增加测点。立面上,宜选择在支撑处或上、下两道支撑的中间部位布设测点。

(3)支撑轴力测点布设原则:支撑轴力采用轴力计进行监测,测点一般布置在支撑的端部或中部,当支撑长度较大时也可安设在支撑的 1/4 点处。受力较大的斜撑和基坑深度变化处宜增设测点。对监测轴力的重要支撑,宜同时监测其两端和中部的沉降和位移。

(4)围护桩(墙)体水平位移监测断面及测点布设原则:基坑安全等级为一级时监测断面不宜大于 30m,测点竖向间距为 0.5m 或 1.0m。

(5)围护桩(墙)体前、后侧土压力测点布设原则:根据围护桩(墙)体的长度和钢支撑的位置进行布设,测点一般布置在基坑长短边中点。

(6)桩顶位移测点布设原则:基坑长短边中点,基坑每边测点数不宜少于 3 个。

(7)基坑周围地表沉降测点布设原则:基坑周边距坑边 10m 范围内沿坑边设 2 排沉降测点,测点布置范围为基坑周围两倍开挖深度。

2. 地铁喷锚暗挖法施工监测频率

根据《地下铁道工程施工质量验收标准》(GB/T 50299—2018)(两册),地下铁道采用喷锚暗挖法施工时,其变形监测项目和频率见表 7-4。

表 7-4　地铁喷锚暗挖法变形监测项目和频率

类别	监测项目	测点布置	监测频率
应测项目	围岩及支护状态	每一开挖环	开挖后立即进行
	地表、地面建筑、地下管线及构筑物变化	每 10～50m 一个断面,每断面 7～11 个测点	开挖面距量测断面前后<2B 时 1～2 次/d;开挖面距量测断面前后<5B 时 1 次/2d;开挖面距量测断面前后>5B 时 1 次/周
	拱顶下沉	每 5～30m 一个断面,每断面 1～3 个测点	开挖面距量测断面前后<2B 时 1～2 次/d;开挖面距量测断面前后<5B 时 1 次/2d;开挖面距量测断面前后>5B 时 1 次/周
	周边净空收敛位移	每 5～100m 一个断面,每断面 2～3 个测点	开挖面距量测断面前后<2B 时 1～2 次/d;开挖面距量测断面前后<5B 时 1 次/2d;开挖面距量测断面前后>5B 时 1 次/周
	岩体爆破地面质点振动速度和噪声	质点振速根据结构要求设置,噪声根据规定的测距设置	随爆破及时进行
选测项目	围岩内部位移	每代表性地段设一断面,每断面 2～3 个孔	开挖面距量测断面前后<2B 时 1～2 次/d;开挖面距量测断面前后<5B 时 1 次/2d;开挖面距量测断面前后>5B 时 1 次/周
	围岩压力及支护间应力	每代表性地段设一断面,每断面 15～20 个测点	开挖面距量测断面前后<2B 时 1～2 次/d;开挖面距量测断面前后<5B 时 1 次/2d;开挖面距量测断面前后>5B 时 1 次/周
	钢筋格栅拱架内力及外力	每 10～30 榀钢拱架设一对测力计	开挖面距量测断面前后<2B 时 1～2 次/d;开挖面距量测断面前后<5B 时 1 次/2d;开挖面距量测断面前后>5B 时 1 次/周
	初期支护、二衬内应力及表面应力	每代表性地段设一断面,每断面 11 个测点	开挖面距量测断面前后<2B 时 1～2 次/d;开挖面距量测断面前后<5B 时 1 次/2d;开挖面距量测断面前后>5B 时 1 次/周
	锚杆内力、抗拔力及表面应力	必要时进行	开挖面距量测断面前后<2B 时 1～2 次/d;开挖面距量测断面前后<5B 时 1 次/2d;开挖面距量测断面前后>5B 时 1 次/周

注:B 为隧道开挖跨度。

　　监测项目的选择还要根据围岩类别、开挖断面所处地面环境条件等确定应测或选测项目,必要时可适当调整。

　　3.地铁盾构掘进法施工监测频率

　　盾构掘进施工过程中,地层除了受到盾尾卸载的扰动外,还受到盾构对前方土体的挤压(或卸载)作用,因此,周围地层会出现不同程度的应力变动,特别是地质条件差时,更会引起地面甚至衬砌环结构本身的隆起或沉陷,不仅造成结构渗漏水,甚至危及地面建筑物的安全。根据《地下铁道工程施工质量验收标准》(GB/T 50299—2018)(两册),地下铁道采用盾构掘进法施工时变形监测项目和频率见表 7-5。

表 7-5　地铁盾构掘进法施工变形监测项目和频率

类别	监测项目	测点布置	监测频率
必测项目	地表隆起或沉陷	每 30m 设一断面,必要时需加密	开挖面距量测断面前后<20m 时 1～2 次/d;开挖面距量测断面前后<50m 时 1 次/2d;开挖面距量测断面前后>50m 时 1 次/周
	隧道隆起或沉陷	每 5～10m 设一断面	开挖面距量测断面前后<20m 时 1～2 次/d;开挖面距量测断面前后<50m 时 1 次/2d;开挖面距量测断面前后>50m 时 1 次/周
选测项目	土体内部位移(垂直和水平)	每 30m 设一断面	开挖面距量测断面前后<20m 时 1～2 次/d;开挖面距量测断面前后<50m 时 1 次/2d;开挖面距量测断面前后>50m 时 1 次/周
	衬砌环内力和变形	每 50～100m 设一断面	开挖面距量测断面前后<20m 时 1～2 次/d;开挖面距量测断面前后<50m 时 1 次/2d;开挖面距量测断面前后>50m 时 1 次/周
	土层压应力	每一代表性地段设一断面	开挖面距量测断面前后<20m 时 1～2 次/d;开挖面距量测断面前后<50m 时 1 次/2d;开挖面距量测断面前后>50m 时 1 次/周

四、地铁工程变形监测的方法

1.基坑围护监测

(1)围护桩(墙)顶沉降及水平位移监测

①测点埋设。监测点通常布设在基坑周围冠梁顶部,植入顶部带中心标记的凸形监测标志,露出冠梁混凝土面 2cm,并用红漆标注,作为监测点供沉降和水平位移监测共用,两者也可分别布设。

②监测方法。桩顶沉降监测主要采用二等精密水准测量。根据地质情况及维护结构不同,基准点设置的位置也稍有不同,一般要设在距基坑开挖深度 5 倍距离以外的稳定地方。桩顶水平位移监测通常使用测角精度高于 1″的全站仪,常用的方法主要有坐标法、视准线法、控制线偏离法、测小角法及前方交会法等,目的是通过监测点位置坐标的变化来确定某测点的位移量。如控制线偏离法是在基坑围护结构的直角位置上布设监测基准点,在两基准点的连线方向上布设监测点。在垂直于连线的方向上测量并计算出各点与连线方向的偏差值,向外为正,向内为负,作为初始值。监测开展后比较各期的实测值与初始值,即可得出冠梁上各监测点的实际水平位移。

(2)基坑围护桩(墙)挠曲监测

①监测目的。其主要目的是通过测量围护桩(墙)的深层挠曲来判断围护结构的侧向变形情况。基坑围护桩(墙)挠曲变形的主要原因是基坑开挖后,基坑内外的水土压力要依靠围护桩(墙)和支撑体系来重新平衡,围护桩(墙)在基坑外侧水土压力作用下将产生变形。

②监测仪器。基坑围护桩(墙)挠曲监测的主要仪器是测斜装置,测斜装置包括测斜仪、测斜管和数字式测读仪。

③监测方法。沿基坑围护结构主体长边方向每 20～30m,短边中部的围护桩桩身内埋设与测斜仪配套的测斜管,测斜管内有两对互成 90°的导向滑槽。测斜管拼装时应注意导槽的

对接,埋设时将测斜管两端封闭并牢固绑扎在钢筋笼背土面一侧,同钢筋笼一同放入成孔内,灌注混凝土。测斜管管长应为桩长加冠梁高并露出冠梁 10cm。注意在钢筋笼放入孔内、混凝土浇筑前一定要调整好测斜管的方向,测斜管下部和上部保护盖要封好,以防止异物进入。

将测斜仪的导向轮放入测斜管导槽中,沿导槽缓慢下滑至管底时开始测读,按 0.5m 或 1m 的间隔(导线上标有刻度)测读一次,缓慢提升测斜仪,直至测斜管顶,测定测斜仪与垂直线之间的倾角变化,即可得出不同深度部位的水平位移。监测时使用带导轮的测斜探头,将测斜管分成 n 个测段,每个测段长 L_i,在某一深度位置上测得两对导轮之间的倾角 θ_i,通过计算可得到这一区段的变位 Δ_i,计算公式为:

$$\Delta_i = L_i \sin\theta_i \qquad (7-1)$$

某一深度的水平变位值 δ_i 可通过区段变位 Δ_i 累计得出。设初次测量的变位结果为 $\delta_i^{(0)}$,则在进行第 j 次测量时,所得的某一深度处相对前一次测量时的位移值 Δx_i 即为:

$$\Delta x_i = \delta_i^{(j)} - \delta_i^{(j-1)} \qquad (7-2)$$

相对初次测量时总的位移值 s 为:

$$s = \delta_i^{(j)} - \delta_i^{(0)} \qquad (7-3)$$

(3)围护桩(墙)内力监测

①监测目的。围护桩(墙)内力监测的目的是通过监测基坑围护桩(墙)内受力钢筋的应力或应变,从而计算基坑围护桩(墙)的内部应力。

②监测仪器。钢筋应力一般通过钢筋应力传感器(简称钢筋计)予以测定。目前工程上应用较多的钢筋计有钢弦式和电阻应变式两种,接收仪器分别使用频率仪和电阻应变仪。

③监测方法。采用钢筋混凝土材料砌筑的围护结构,其围护桩内力监测方法通常是埋设钢筋计。钢弦式钢筋计通常与构件受力主筋轴心串联焊接,由频率计算的是钢筋的应力值;电阻式应变计与主筋平行绑扎或点焊在箍筋上,应变仪测得的是混凝土内部该点的应变。

钢筋计在安装时应注意尽可能使其处于不受力的状态,特别是不应使其处于受弯状态。然后将导线逐段捆扎在邻近的钢筋上,引到地面的测试盒中。支护结构浇筑混凝土后,检查电路电阻值和绝缘情况,做好引出线和测试盒中的保护措施。

钢筋计应在钢筋笼的迎土面和背土面对称安置,高度通常应在第二道钢支撑的位置。钢筋应变仪尽可能和测斜管埋设在同一个桩上。在开挖基坑前应有 2~3 个应力传感器的稳定测量值,作为计算应力变化的初始值,然后依照设计的监测频率进行数据采集、处理、备案并进行汇总分析。

(4)钢支撑结构水平轴力监测

①监测目的。水平支撑轴力监测的目的是为了监测水平支撑结构的轴向压力,掌握其设计轴力与实际受力情况的差异,防止围护体的失稳破坏。

②监测仪器。水平支撑轴力监测常用仪器有轴力计和表面应变计。钢支撑结构目前常用的是钢管支撑和 H 型钢支撑结构。

③监测方法。水平支撑轴力监测通常采用轴力计在端部直接量测支撑轴力,或采用表面应变计间接测量和计算支撑轴力。根据钢支撑的设计预加力选择轴力计的型号,安装前要记录轴力计的编号和相对应的初始值,轴力计安放在钢支撑端部活接头与钢围檩之间,安装时注意轴力计与活接头的接触面要垂直密贴,在加载到设计预加力后马上记录轴力计的数值,依照设计要求进行监测。

（5）锚索（杆）轴力及拉拔力监测

①监测目的。其监测目的是掌握锚索（杆）实际工作状态，监测锚索（杆）预应力的形成和变化，掌握锚索（杆）的施工质量是否达到了设计的要求；同时了解锚索（杆）轴力及其分布状态，再配合岩体内位移的量测结果就可以较为准确地设计锚索（杆）长度和根数，还可以了解岩体内应力重新分布的过程。

②监测仪器。主要监测工具包括锚索（杆）拉拔仪和锚索（杆）测力计。锚索（杆）测力计主要有机械式、应力式和电阻应变式等几种形式。

③监测方法。锚索（杆）拉拔力监测是破坏性检测，是采用锚索（杆）拉拔仪拉拔待测锚索（杆），通过测力计监测拉力。具体过程如下：

a. 观测锚索（杆）张拉前将测力计安装在孔口垫板上，使用带专用传力板的传力计，先将传力板装在孔口垫板上，使测力计或传力板与孔轴垂直，偏斜应小于 0.5°、偏心应不大于 5mm。

b. 安装张拉机具和锚具，同时对测力计的位置进行校验，合格后开始预紧和张拉。

c. 观测锚索（杆）应在对其有影响的其他工作锚索（杆）张拉之前进行张拉加荷，张拉程序一般应与工作锚索（杆）的张拉程序相同。有特殊需要时，可另行设计张拉程序。

d. 测力计安装就位后，加荷张拉前应准确测得应力初始值和环境温度。反复测读，三次数据差小于 1%（F.S.），取其平均值作为观测初始值。

e. 初始值确定之后，分级加荷张拉观测，一般每次加荷测读一次，最后一级荷载进行稳定观测，每 5min 测 1 次，连续 3 次，读数差小于 1%（F.S.）为稳定。张拉荷载稳定后，应及时测读锁定荷载。张拉结束之后根据荷载变化速率确定观测时间间隔，进行锁定之后的稳定观测。

2. 土体介质监测

（1）地表沉降监测

①监测目的。地表沉降监测的主要目的是监测基坑及隧道施工引起的地表沉降情况。

②监测仪器。地表沉降监测使用的仪器主要是精密水准仪、精密水准尺等。

③监测方法。根据监测对象性质、允许沉降值、沉降速率、仪器设备等因素综合分析，确定监测精度，目前主要使用二等精密水准测量方法。根据基准点的高程，按照监测方案规定的监测频率，用精密水准仪测量并计算每次观测的监测点高程。水准路线通常选择闭合水准路线，对高差闭合差应进行平差处理。目前大部分使用精密电子水准仪，仪器自带的软件可进行观测结果的数据提取和平差计算。

④基准点埋设要求。在远离地表沉降区域，沿地铁隧道方向布设沉降监测基准点，通常要求不少于 3 个。基准点应在沉降监测开始前埋设，待其稳定后开始首期联测，在整个沉降监测过程中要求定期联测，检查其是否有沉降，以保证沉降监测结果的正确性。水准基点的埋设要求受外界影响小、不易扰动或受震动影响小、通视良好。

⑤监测点埋设要求。对地表沉降的监测，需布设纵剖面监测点和横剖面监测点。纵剖面（即掘进轴线方向）监测点的布设通常需要保证盾构顶部始终有监测点在监测，所以监测点间距应小于盾构长度，通常为 3~5m。横剖面（即垂直于掘进轴线方向）监测点从中心向两侧按 2~5m 间距布设，布设范围为盾构外径的 2~3 倍。横断面间距为 20~30m，横断面监测点主要用来监测盾构施工引起的横向沉降槽的变化。

地表沉降监测点如图 7-5 所示，通常用钻机在地表打入钢筋，使钢筋与土体连为整体。为避免车辆对监测点的破坏，打入的钢筋要低于路面 5~10cm，并于监测点外侧设置保护管，且上面覆盖盖板保护监测点,如图 7-6 所示。

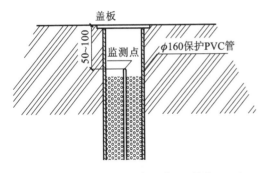

图 7-5 地表沉降监测点示意图(单位:mm)

图 7-6 地表沉降监测标志

(2)基底回弹监测

①监测目的。基底回弹监测也叫基坑底部隆起监测,其目的是通过监测基坑底部土体隆起回弹情况,判断基坑内外土体压力差和基坑稳定性。

②监测仪器。基底回弹监测常用的仪器包括回弹监测标和深层沉降标。深层沉降标监测装置分两部分:一是埋入地下的部分,由沉降导管、底盖、沉降磁环组成,通过钻孔埋设在土层中;二是地面接收仪,即钢尺沉降仪,由探头、测量电缆、接收系统和绕线盘等组成。

③监测方法。首先钻孔至基底设计标高以下 200mm,钻孔时将回弹监测标旋入钻杆下端的螺旋,并将回弹监测标底部压入孔底土中,然后旋开钻杆使其与回弹监测标脱离,提升钻杆后放入辅助测杆,再使用精密水准仪测定露于地表外的辅助测杆顶部标高,然后取出辅助测杆,向孔中填入 500mm 的白灰,用素土回填,待基坑开挖至设计标高后再进行观测,以确定基底回弹量。通常在浇筑基础筏板之前再观测一次。

(3)土体分层沉降及水平位移监测

①监测目的。土体分层沉降及水平位移监测的目的是,监测基坑围护结构周围不同深度处土层内监测点的沉降和水平位移情况,从而判断基坑周边土体稳定性。

②监测仪器。土体分层沉降及水平位移监测的仪器包括分层沉降仪、测斜仪及杆式多点位移计。

③监测方法。土体分层沉降监测装置包括导管、磁环和分层沉降仪,首先钻孔并埋设导管,钻孔深度应大于基底的设计标高。在整个导管内按固定间距(1~2m)布设磁环,然后测定导管不同深度处磁环的初始标高值,初始值为基坑开挖之前连续三次测量无明显差异读数的平均值。监测过程中将每次测定的各磁环标高与初始值进行比较,即可确定各个位置的沉降量。

土体深层水平位移监测装置包括测斜管、测斜仪等。首先钻孔并将测斜管封好底盖后逐节组装放入钻孔内,直至放到预定的标高位置为止,测斜管必须与周围土体紧密相连。然后将测斜管与钻孔之间的空隙回填,测量测斜管导槽方位、管口坐标及高程并记录。监测过程中将每次测定的位移值与初始值进行比较,即可确定位移量。

(4)土压力监测

①监测目的。土压力监测是为了监测围护结构、底板及周围土体界面上的受力情况,同时判断基坑的稳定性。

②监测仪器。土压力监测通常采用土压力传感器(即土压力盒),常用的土压力盒有电阻式和钢弦式两种。

③监测方法。土压力盒埋设方式有挂布法、弹入法及钻孔法等几种。土压力盒的工作原理是:土压力使钢弦应力发生变化,钢弦振动频率的平方与钢弦应力成正比,因而钢弦的自振频率发生变化,利用钢弦频率仪中的激励装置使钢弦起振并接收其振荡频率,根据受力前后钢弦振动频率的变化,并通过预先标定的传感器压力与振动频率的标定曲线,就可换算出所测定的土压力值。车站明挖段土压力盒安装在初期支护外侧,土体开挖后利用钢筋支架将土压力盒贴壁固定在待测位置,直接喷射支护层混凝土即可。

(5)孔隙水压力监测

①监测目的。孔隙水压力监测的目的是通过监测饱和软黏土受载后产生的孔隙水压力的增高或降低,从而判断基坑周边的土体运动状态。

②监测仪器。孔隙水压力监测的设备是孔隙水压力计及相应的接收仪。孔隙水压力计分为钢弦式、电阻式和气动式三种类型。钢弦式、电阻式孔隙水压力计与同类型土压力盒的工作原理类似,只是金属壳体外部有透水石,测得的只有孔隙水压力,而把土颗粒的压力挡在透水石之外。气动式孔隙水压力计的工作原理是加大探头内的气压使之与土层孔隙水压力平衡,通过监测所需平衡气压的大小来确定上层孔隙水压力的量值。

③监测方法。孔隙水压力计的埋设方法有钻孔埋设法和压入法两种。孔隙水压力探头通常采用钻孔埋设,钻孔后先在孔底填入部分干净的砂,然后将探头放入,再在探头周围填砂,最后采用膨胀性黏土或干燥黏土将钻孔上部封好,使得探头测得的是该标高土层的孔隙水压力。埋设孔隙水压力探头的技术关键,首先是保证探头周围填砂渗水顺畅,其次是阻止钻孔上部水向下渗流。

3.周围环境监测

(1)邻近建筑物变形监测

地铁施工过程中,邻近建筑物变形监测主要包括建筑物沉降监测、倾斜监测和裂缝监测等,具体方法在项目四中有详细叙述,在此不再赘述。

①邻近建筑物沉降监测

建筑物的沉降监测采用精密水准仪按二等水准的精度进行量测。沉降监测时应充分考虑施工的影响,避免在空压机、搅拌机等的振动影响范围之内设站观测。观测时标尺成像应清晰,避免视线穿过玻璃、烟雾和热源上空。建筑物沉降测点应布置在墙角、柱身上(特别是代表独立基础及条形基础差异沉降的柱身),测点间距要尽可能反映建筑物各部分的不均匀沉降。如图 7-7 和图 7-8 所示,若建筑物是砌体或钢筋混凝土结构,则可在墙(柱)上布设沉降监测点;若建筑物是钢结构,则直接将测点标志焊接在建筑物的相应位置即可。

②邻近建筑物倾斜监测

测定建筑物倾斜的方法有两种,一种是直接测定建筑物的倾斜,另一种是间接地通过测量建筑物基础的相对沉降来换算建筑物的倾斜,后者是把整个建筑物当成一个刚体来看待的。

③邻近建筑物裂缝监测

首先要了解建筑物的设计、施工、使用情况及沉降观测资料,以及工程施工对建筑物可能造成的影响;记录建筑物已有裂缝的分布位置和数量,测定其走向、长度、宽度及深度;分析裂缝的形成原因,判别裂缝的发展趋势,选择主要裂缝作为观测对象。

图 7-7　建筑物墙上沉降监测标志

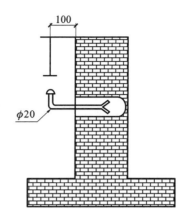

图 7-8　建筑物墙上沉降监测标志示意图

（2）地下水位监测

①监测目的。地下水位监测就是为了预报由于地铁基坑及隧道施工引起的地下水位不正常下降而导致的地层沉陷，避免安全事故的发生。

②监测仪器。地下水位监测的主要仪器为电测水位计、PVC 塑料管。

③监测方法。首先是水位观测孔的设置，包括钻机成孔、井管加工、井管放置、回填砾料、洗井等内容。电测水位计的工作原理是：水为导体，当测头接触到地下水时，报警器发出报警信号，此时读取与测头连接的标尺刻度，此读数为水位与固定测点的垂直距离，再将固定测点的标高及其与地面的相对位置换算成从地面算起的水位标高。

（3）地下管线监测

①监测目的。地下管线监测主要是掌握地铁施工对沿线地下管线的影响情况。

②监测仪器。地下管线的监测内容包括垂直沉降和水平位移两部分。

③监测方法。首先应对管线状况进行充分调查，包括管线埋置深度和埋设年代、管线种类、电压、管线接头形式、管线走向及其与基坑的相对位置、管线的基础形式、地基处理情况、管线所处场地的工程地质情况、管线所在道路的地面交通状况。然后采用如下几种监测方法：管线位移采用全站仪极坐标测量的方法，量测管线测点的水平位移；管线沉降采用精密水准仪按二等水准测量的方法，测量管线测点的垂直位移。测量时注意使用的基点应布置在施工影响范围以外稳定的地面上；使用裂缝观测仪对管线裂缝进行观测。

管线通常都布设在城市道路下面，不可能采用直接埋设的方式在管顶埋设测点，可采用在管线外露部分设直接测点，其余通过从地面钻孔，将钢筋埋入至管顶的方式埋设测点。埋入管顶的钢筋与管顶接触的部分用砂浆黏合，并用钢管将钢筋套住，使钢筋在随管线变形时不受相邻土层的影响。套筒式布点如图 7-9 所示。

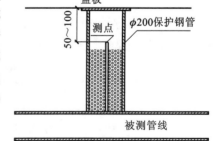

图 7-9　地下管线套筒式监测点示意图

4.隧道变形监测

为了及时了解隧道周边围岩的变化情况，在隧道施工过程中要进行隧道周边位移量的监测，主要包括断面收敛监测、拱顶下沉监测、底板隆起监测、围岩内部位移监测、结构内力监测等。

（1）断面收敛监测

①监测目的。断面净空收敛监测主要是为了掌握隧道施工过程中断面的尺寸变化情况，进而掌握隧道整体变形情况。

②监测仪器。断面净空收敛监测主要采用收敛计进行，收敛计如图 7-10 所示。

③监测方法。量测时在量测收敛断面上设置两个固定标点，然后把收敛计两端与之相连，即可正确地测出两标点间的距离及其变化，每次连续重复测读三次读数，取其平均值作为本次读数。收敛计的量测原理是用机械的方法监测两测点间的相对位移，将其转换为百分表两次读数的差值。用弹簧秤给钢卷尺以恒定的张力，同时也牵动与钢卷尺相连的滑动管，通过其上的量程杆推动百分表芯杆，使百分表产生读数，不同时刻所测得的百分表读数差值，即为两点间的相对位移数值。

断面收敛监测点与拱顶下沉测点布置在同一断面上，每一断面布设 2～3 条测线，埋设时保持水平。将圆钢弯成等边三角形，然后将一条边双面焊接于螺纹钢上，最后焊到安装好的格栅上，初喷后钩子露出混凝土面，用油漆做好标记，作为洞内收敛的监测点，如图 7-11 所示。

图 7-10　收敛计

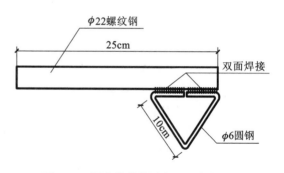

图 7-11　洞内收敛监测点预埋件布设图

（2）拱顶下沉监测

①监测目的。拱顶下沉监测主要目的是掌握隧道顶板在上部空间土体重力作用下引起的沉降。

②监测仪器。拱顶下沉监测主要采用精密水准仪和精密水准尺。

③监测方法。采用精密水准仪按二等水准测量的方法，将经过校核的挂钩钢尺悬挂在拱顶测点上，测量拱顶测点的垂直位移。一般一座隧洞采用一个独立的高程系统，基准点不少于两个，一个用作日常监测，一个用作不定期校核。通过对监测点相对于基准点的位移变化来测定拱顶位移的变化量。沉降计算方法如下：

$$上次相对基准点差值＝上次后视－上次前视$$

$$本次相对基准点差值＝本次后视－本次前视$$

$$本次沉降值＝上次相对基准点差值－本次相对基准点差值$$

$$累积沉降值＝上次累积沉降＋本次沉降$$

（3）底板隆起监测

①监测目的。底板隆起监测主要目的是监测隧道开挖后，在周围土压力作用下，底板的隆起变形。

②监测仪器。底板隆起监测主要采用精密水准仪和精密水准尺。

③监测方法。底板隆起监测点通常布设在隧道轴线上，与拱顶下沉监测点对应布设，为了防止监测点被破坏，通常需要用护盖将点标志盖住。底板隆起监测水准基点可与拱顶下沉监测基准点共用，监测方法也和拱顶沉降监测类似，用精密水准测量的方法测定基准点和监测点间的高差变化，以确定隆起量。底板隆起监测通常是和断面收敛监测、拱顶沉降监测同时进行的，即可根据观测结果判断断面收敛情况。

（4）围岩内部位移监测

①监测目的。围岩内部位移监测的目的是测量隧道内部监测点位移，从而分析隧道松弛范围，掌握隧道的稳定状态。

②监测仪器。围岩内部位移监测的仪器主要有单点位移计和多点位移计等。

③监测方法。将位移计的端部固定于钻孔底部的一根锚杆上，位移计安装在钻孔中，锚杆可用钢筋制作，锚固端用楔子与钻孔壁楔紧，自由端装有测头，可自由伸缩，测头应平整光滑。定位器固定于钻孔口的外壳上，测量时将测环插入定位器，测环和定位器都有刻痕，插入测量时应将两者的刻痕对准，测环上安装有百分表、千分表或深度测微计以测取读数。单点位移计的安装可紧跟爆破开挖面进行。

（5）结构内力监测

①监测目的。结构内力监测是为了了解隧道结构在不同阶段的实际受力状态和变化情况，主要目的是通过将实际监测值与设计计算值进行比较，验证设计方案的合理性，从而达到优化设计参数、改进设计理论的目的。

②监测仪器。结构内力监测的仪器有钢筋计、频率计和轴力计等。

③监测方法。隧道结构内力监测内容包括衬砌混凝土的应力、应变，钢拱架内力，二次衬砌内钢筋内力监测等内容。衬砌混凝土的应力、应变监测是在初期支护或二次衬砌混凝土内相应位置埋入应力计或应变计，直接测得该处混凝土内部的内力；应力计、应变计安装时应注意尽可能使其处于不受力状态，特别是不应使其处于受弯状态。

五、地铁工程变形监测资料及报告

1. 监测资料的整理

监测资料的整理工作包括如下内容：

（1）监测资料主要包括监测方案、监测数据、监测日记、监测报表、监测报告、监测工作联系单、监测会议纪要等。

（2）采用专用的表格记录数据，保留原始资料，并按要求进行签字、计算、复核。

（3）根据不同原理的仪器和不同的采集方法，采取相应的检查和鉴定手段，包括严格遵守操作规程、定期检查维护监测系统。

（4）误差产生的原因及检验方法：误差主要有系统误差、过失误差、偶然误差等，对量测产生的各种误差采用对比检验、统计检验等方法进行检验。

表 7-6 所示为某地铁监测项目地表沉降监测数据表，图 7-12 所示为相应的沉降监测曲线。

表 7-7 所示为某地铁监测项目隧道收敛监测数据表，图 7-13 所示为相应的收敛监测曲线。

表 7-6　×××市地铁 1 号线施工监测××站(区间)地表沉降监测周报表

监测日期:2011.05.31—2011.06.06　　仪器名称:Trimble DiNi03 电子水准仪　　检定日期:　年　月　日

测点编号	初始测量值(m)	上期累计变形(mm)	本期各次累计变形(mm)							本期阶段变形(mm)	本期累计变形(mm)	平均变形速率(mm/d)	沉降速率控制值(mm/d)	
			5.31	6.01	6.02	6.03	6.04	6.05	6.06				平均速率	最大速率
DB02-01	10.63517	2.17	2.17	2.14	2.14	2.05	2.05	2.25	2.25	0.08	2.25	0.01	1	3
DB02-02	10.63541	-8.55	-8.55	-8.68	-8.68	-8.87	-8.87	-8.66	-8.66	-0.11	-8.66	-0.02	1	3
DB02-03	10.58147	2.02	2.02	2.02	2.02	2.02	2.02	2.02	2.02	0.00	2.02	0.00	1	3
DB02-04	10.61789	0.84	0.84	0.84	0.84	0.84	0.84	0.84	0.84	0.00	0.84	0.00	1	3
DB02-05	10.64013	1.00	1.00	1.00	1.00	1.00	1.00	1.00	1.00	0.00	1.00	0.00	1	3
DB02-06	10.76866	-9.21	-9.21	-9.21	-9.21	-9.21	-9.21	-9.21	-9.21	0.00	-9.21	0.00	1	3
DB02-07	11.06154	-0.96	-0.99	-1.06	-1.06	-0.98	-0.98	-1.27	-1.27	0.00	-0.96	0.00	1	3
DB03-01	11.00324	0.08	0.08	-0.07	-0.07	-0.36	-0.36	-0.09	-0.09	-0.17	-0.09	-0.02	1	3
DB03-02	10.90341	-9.98	-9.98	-10.14	-10.14	-10.54	-10.54	-10.13	-10.13	-0.15	-10.13	-0.02	1	3
DB03-03	10.86748	-4.16	-4.38	-4.45	-4.27	-4.55	-4.80	-4.80	-4.80	-0.64	-4.80	-0.09	1	3

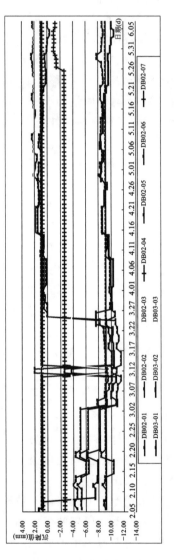

图 7-12　×××市地铁 1 号线施工监测××站(区间)地表沉降监测曲线

表 7-7　　××市地铁 1 号线施工监测××站（区间）隧道收敛监测周报表

监测日期：2011.05.31—2011.06.06　　仪器名称：Trimble DiNi03 电子水准仪　　检定日期：　　年　月　日

测点编号	初始测量值（m）	上期累计变形（mm）	本期各次累计变形（mm）							本期阶段变形（mm）	本期累计变形（mm）	平均变形速率（mm/d）
			5.31	6.01	6.02	6.03	6.04	6.05	6.06			
Ⅶ-1	3.88309	4.54	4.54	4.54	4.54	4.54	4.54	4.54	4.54	0.00	4.54	0.00
Ⅷ-1	3.90117	−3.07	−2.67	−2.67	−2.67	−2.67	−2.67	−2.67	−2.67	0.41	−2.67	0.06
Ⅸ-1	3.90782	−72.62	−71.67	−71.67	−71.67	−71.67	−71.67	−71.67	−71.67	0.95	−71.67	0.14
Ⅹ	3.95358	−30.49	−31.07	−31.02	−31.09	−31.09	−31.09	−31.09	−31.09	−0.61	−31.09	−0.09
Ⅺ	3.90989	−13.10	−13.47	−13.52	−13.34	−13.34	−13.10	−13.10	−13.10	0.00	−13.10	0.00
Ⅻ-1	3.94080	−0.78	−1.36	−1.08	−0.78	−0.78	−1.36	−1.36	−1.36	−0.58	−1.36	−0.08
KJK14C	3.79285	−53.62	−54.81	−54.72	−53.79	−53.79	−54.52	−54.11	−54.11	−0.49	−54.11	−0.07
KJK15C	3.70416	−10.05	−12.18	−11.65	−11.65	−11.65	−11.65	−11.65	−11.65	−1.60	−11.65	−0.23
ⅩⅢ	3.98711	−28.92	−57.14	−52.38	−49.10	−49.10	−50.53	−50.53	−50.53	−21.61	−50.53	−3.09
ⅩⅣ	3.95080	−19.23	−21.04	−19.37	−21.05	−21.05	−21.44	−21.01	−21.01	−1.78	−21.01	−0.25
KJK16C	3.69915	−2.66	−3.18	−4.17	−3.47	−3.47	−3.30	−3.83	−3.83	−1.18	−3.83	−0.17
KJK17C	3.95047	−1.22	−0.64	−0.64	−0.58	−0.58	−0.47	−1.17	−1.17	0.05	−1.17	0.01

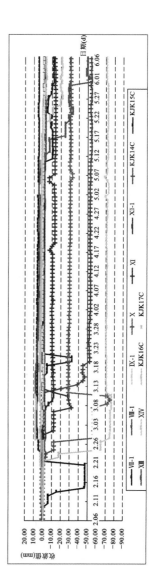

图 7-13　××市地铁 1 号线施工监测××站（区间）隧道收敛监测曲线

2.监测资料的分析

监测结果的分析处理是指对监测数据及时进行处理和反馈,预测基坑及支护结构状态的稳定性,提出施工工序的调整意见,确保工程的顺利施工。监测工作应分阶段、分工序对量测结果进行总结和分析。

(1)数据处理:通过科学、合理的方法,用频率分布的形式将原始数据的分布情况显示出来,进行原始数据的数值特征计算,舍掉离群数据。

(2)曲线拟合:根据各监测项选用对应的能反映数据变化规律和趋势的函数表达式,进行曲线拟合,根据现场量测数据及时绘制对应的位移-时间曲线或图表,当位移-时间曲线趋于平缓时,进行数据处理或回归分析,以推算最终位移量和掌握位移变化规律。

(3)通过监测数据分析,掌握围岩、结构受力的变化规律,确认和修正有关设计参数。

表 7-8 所示为××地铁 6 号线××站基坑围护桩变形监测数据表,图 7-14 所示为对应的水平位移监测曲线。

表 7-8 ××地铁 6 号线××站基坑围护桩变形监测数据表

桩号:Z5   桩长:20m   监测日期:2009 年 5 月 20 日

深度(m)	初始值(mm)	观测值(mm)		变形值(mm)	累计值(mm)	
		5 月 10 日	5 月 20 日		5 月 10 日	5 月 20 日
0.5	237.67	240.53	242.21	1.68	2.86	4.54
1.0	235.42	238.51	240.17	1.66	3.09	4.75
1.0	233.15	235.95	237.51	1.56	2.80	4.36
2.0	225.49	228.16	229.84	1.68	2.67	4.35
2.5	195.36	197.95	199.57	1.62	2.59	4.21
3.0	154.87	157.16	158.82	1.66	2.29	3.95
3.5	139.12	141.32	142.96	1.64	2.20	3.84
4.0	136.06	138.29	139.92	1.63	2.23	3.86
4.5	134.68	136.71	138.35	1.64	2.03	3.67
5.0	129.74	131.73	133.25	1.52	1.99	3.51
5.5	122.37	124.19	125.63	1.44	1.82	3.26
6.0	113.52	115.41	116.80	1.39	1.89	3.28
6.5	108.38	110.09	111.43	1.34	1.71	3.05
7.0	104.29	105.90	107.18	1.28	1.61	2.89
7.5	98.68	99.96	101.25	1.29	1.28	2.57
8.0	93.15	94.57	95.80	1.23	1.42	2.65
8.5	87.16	88.35	89.51	1.16	1.19	2.35
9.0	81.54	82.71	83.90	1.19	1.17	2.36
9.5	73.06	74.33	75.47	1.14	1.27	2.41
10.0	67.52	68.77	69.80	1.03	1.25	2.28
10.5	66.95	68.17	69.16	0.99	1.22	2.21

续表 7-8

深度（m）	初始值（mm）	观测值（mm）		变形值（mm）	累计值（mm）	
		5月10日	5月20日		5月10日	5月20日
11.0	65.45	66.82	67.77	0.95	1.37	2.32
11.5	63.54	64.83	65.72	0.89	1.29	2.18
12.0	62.54	63.53	64.45	0.92	0.99	1.91
12.5	61.02	62.17	63.05	0.88	1.15	2.03
13.0	59.68	60.84	61.63	0.79	1.16	1.95
13.5	58.62	59.56	60.31	0.75	0.94	1.69
14.0	56.52	57.46	58.17	0.71	0.94	1.65
14.5	53.57	54.31	54.95	0.64	0.74	1.38
15.0	51.52	52.44	52.98	0.54	0.92	1.46
15.5	48.65	49.63	50.19	0.56	0.98	1.54
16.0	46.68	47.53	48.02	0.49	0.85	1.34
16.5	43.52	44.28	44.70	0.42	0.76	1.18
17.0	38.54	39.05	39.52	0.47	0.51	0.98
17.5	48.00	48.85	49.23	0.38	0.85	1.23
18.0	27.36	28.18	28.50	0.32	0.82	1.14
18.5	22.85	23.74	23.93	0.19	0.89	1.08
19.0	17.47	18.37	18.62	0.25	0.90	1.15
19.5	13.32	14.22	14.35	0.13	0.90	1.03
20.0	8.34	9.14	9.23	0.09	0.80	0.89

注：位移值中，正号表示向基坑内倾斜，负值表示向基坑外倾斜。

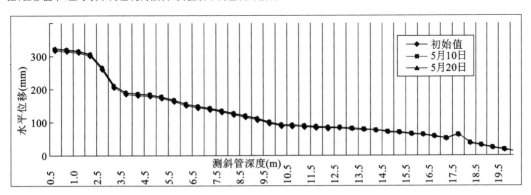

图 7-14　××地铁 6 号线××站基坑围护桩水平位移监测曲线

【案例】　　　　　　　　　　道路工程变形监测实例

一、工程概况

　　国家沪宁高速公路位于长江三角洲经济发达地区，连接上海、苏州、无锡、常州、镇江、南京六个大中城市，全长 274.08km，其中江苏段长 248.21km。公路沿线大部分地区为河相、海相冲积平原地质构造,地势十分平坦,由于其形成历史久远,因而整个地质条件异常复杂。整个高速公路大部分是在软土地基上直接填筑而形成路堤,所以路堤的沉降和稳定便成了整个工程的技术难题。为了保证设计和施工质量,在公路的施工过程中需进行全程工程变形监测。

二、变形监测方案

(1)地基土质情况。自地表向下依次为 2m 厚的亚黏土硬壳层,2～5m 为淤泥质黏土层,5～8m 为亚黏土层,8～13m 为深层淤泥质黏土层,以及其下的砂性土层等。

(2)路堤设计。在堆土前,要求先把地表下 2m 厚的硬壳土层破坏掉,然后进行路堤填筑。本段路堤填土高度为 3.4m,填土密度按 19.6kN/m³ 计算,预压荷载为 66.64kPa;路堤底部宽为 36m,上部宽为 26m,坡度比为 1:1.5,路堤顶部要求做成弓形,其坡降比为 2%。

(3)监测仪器埋设。本段埋设的监测仪器主要有沉降仪、测斜仪和孔隙水压力仪。仪器的埋设如图 7-15 所示,共埋设三孔分层沉降管,其平面位置分别为路中心 D_{1-1} 孔,坡肩 D_{1-3} 孔和两者之间的 D_{1-4} 孔,孔的埋置深度均在地表下 19m 左右。每个孔都埋设了 10 个沉降环,即 10 个测点。测斜管埋设了 1 根,位置在路堤坡脚处,埋置深度为地表下 20m。

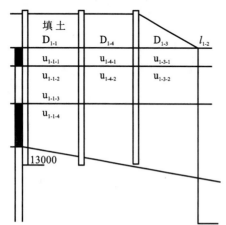

图 7-15　路堤监测点及监测元件埋设示意图

三、观测结果与分析

1. 沉降的观测与分析

(1)最终沉降量

典型的荷载-沉降时程曲线见图 7-16,从图中可以看出:该工程监测段从 2 月中下旬开始填土,到 8 月份结束,共历时 170d,其中 2 月、3 月、4 月、7 月、8 月这五个月份填土缓慢,5 月、6 月两个月份填土速率较快。填土结束时,三个沉降孔实测最大沉降量分别为 23.4cm、18.7cm 和 17.4cm。到第二年 3 月为止,预压时间达七个月,三孔实测最大沉降量分别为 31.3cm、26.5cm 和 22.0cm。

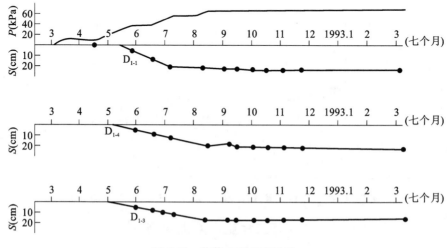

图 7-16　荷载-沉降时程曲线

　　根据典型的土体剖面图和荷载大小,用分层总和法计算该监测段的最终沉降量。由于土层上部 2m 厚的硬壳土层已被破坏掉,土的强度相应降低,理论上计算得到的各孔固结沉降量分别为 D₁₋₁ 孔为 36.8cm,D₁₋₄ 孔为 35.6cm,D₁₋₃ 孔为 27.6cm。根据实测的沉降资料,按双曲线法推算得到的最终沉降量分别为 36.0cm、34.5cm 和 28.5cm。由实测荷载-沉降时程曲线推算的最终沉降量与理论计算的最终沉降量比较接近。

　　以推求的 S_∞ 为参考值,将填土及预压期所发生的沉降与之相比较,发现该土体的沉降变形有如下特点:

　　①当填土厚度为 2.0m(相应的荷载为 39.2kPa)时,沉降变形较小,三孔平均固结度为 17%。

　　②当填土厚度高达 3.4m(相应的荷载为 66.64kPa)时,沉降发展较快,三孔平均固结度达 60%。

　　③在预压七个月后,沉降收敛较快,三孔平均固结度达 80%。在表 7-9 中,同时还列出了在不同时期的残余沉降量 S_r。

表 7-9　由实测沉降推算 S_t 时的路基固结度

孔号	S_∞(cm)	填土 2.0m(39.2kPa)			填土 3.4m(66.64kPa)			预压 90d			预压 212d		
		S_t(cm)	S_r(cm)	U(%)	S_t(cm)	S_r(cm)	U(%)	S_t(cm)	S_r(cm)	U(%)	S_t(cm)	S_r(cm)	U(%)
D₁₋₁	36.0	7.0	29.0	19	23.4	12.6	65	29.3	6.7	81	31.3	4.7	87
D₁₋₄	34.5	5.2	29.3	15	18.7	15.8	54	24.2	10.3	70	26.5	8.0	77
D₁₋₃	28.5	5.0	23.5	18	17.4	11.1	61	19.8	8.7	69	22.0	6.5	77
平均固结度(%)		17			60			73			80		

注:①S_∞ 为推算的最终沉降量;
　　②S_t 为 t 时实测沉降量;
　　③S_r 为残余沉降量;
　　④U 为固结度。

　　(2)沉降速率

　　从荷载-沉降时程曲线可以看出,本路段加荷情况大致可分为四个阶段:第一阶段是 2.0m 填土时期,相应荷载为 39.2kPa,历时较长,共用了 94d,平均加荷速率为 0.42kPa/d;第二阶段是 2.0~3.4m 填土时期,共用 73d,平均加荷速率为 0.38kPa/d;第三、四阶段分别是预压三个月和预压四个月时期,见表 7-10。

表 7-10　加荷速率

阶段	第一阶段	第二阶段	第三阶段	第四阶段
起止日期(月.日)	2.24—5.28	5.29—8.10	8.11—11.10	11.11—3.10
天数(d)	94	73	90	120
填土高度(m)	0~2.0	2.0~3.4	——	——
填土荷载(kPa)	39.2	27.44	——	——
平均加荷速率(kPa/d)	0.42	0.38	——	——

沉降速率见表 7-11,从表中可以看出:第一阶段平均沉降速率为 0.61mm/d;第二阶段平均沉降速率为 1.93mm/d;第三、四阶段的分别为 0.51mm/d 和 0.18mm/d。以上数据说明:本路段填土速率是恰当的,相应的压缩变形也是正常的,土体一直处于稳定状态;停止加荷后,沉降速率迅速减缓,收敛较快,经过 200 多天预压,沉降速率已降至 0.18mm/d,沉降曲线已趋于平稳。

表 7-11　沉降速率

孔号	第一阶段		第二阶段		第三阶段		第四阶段	
	沉降(cm)	速率(mm/d)	沉降(cm)	速率(mm/d)	沉降(cm)	速率(mm/d)	沉降(cm)	速率(mm/d)
D$_{1-1}$	7.0	0.74	23.4/16.4	2.25	29.3/5.9	0.65	31.3/2.0	0.17
D$_{1-4}$	5.2	0.55	18.7/13.5	1.85	24.2/5.5	0.61	26.5/2.3	0.19
D$_{1-3}$	5.0	0.53	17.4/12.4	1.70	19.8/2.4	0.27	22.0/2.2	0.18
平均	5.7	0.61	19.8/14.1	1.93	24.4/4.6	0.51	26.6/2.2	0.18

注:表中第二、三、四阶段沉降值为累计沉降量/本阶段实际沉降量。

(3)分层沉降

图 7-17 所示是沉降仪实测的三个孔的分层沉降曲线,它反映了不同深度土层在不同时间、不同荷载条件下的沉降特征。沉降仪所测得的三个孔的最大沉降量均在地表处,往下沉降沿深度递减,呈现出较好的规律性。绝大部分沉降发生在淤泥质黏性土层内,这层土的压缩量占总压缩量的85%,见表 7-12。表中统计的数据是三个月预压期后所测的,从表中同时还可以看出:表层的亚黏土其压缩率约为 2.2%,淤泥质黏性土的压缩率约为 3.1%,加权平均值为 2.92%。

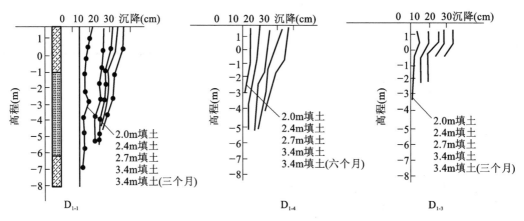

图 7-17　分层沉降沿土层深度的分布

表 7-12　分层沉降

土层名称	厚度(m)	分层沉降量(cm)	占总沉降的百分比(%)	压缩率(%)	平均压缩率(%)
亚黏土	2.0	4.3	15	2.2	
淤泥质黏性土	8.0	25.0	85	3.1	2.92
合计	10	29.3	100		

(4)地表沉降差

路基中心的应力最集中,地表下任意深度处的竖向附加应力最大,压缩变形也最大。

三孔地表沉降过程如图 7-18 所示,它反映了在不同荷载条件下路基的沉降变化,特别是差异沉降变化。中心孔 D_{1-1} 和路肩孔 D_{1-3} 相距 13m，从填土初期到结束，其差异沉降一直稳定在

7.0cm 左右，见表 7-13。与其他试验断面相比，荷载初期就发生了 7.0cm 的差异沉降，沉降量明显偏大。

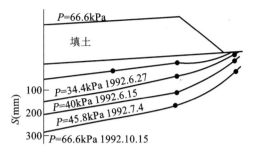

图 7-18　路基横向沉降过程线

就一般填土工程而言，差异沉降的发展都是由小到大逐渐递增的，而该试验段为什么会从荷载初期就开始产生这么大的差异沉降呢？这里的主要原因就是硬壳层被破坏了，表层土丧失了抗变形能力，荷载应力传递快，沉降发展相对也快，带来的差异沉降也大。在表 7-13 中，同时还列出了两孔差异沉降率，在 0.4%～0.6% 之间。

表 7-13　横向差异沉降率

测试日期	荷载(kPa)	S_1(cm)	S_3(cm)	$\Delta S'$(cm)	S_3/S_1	$\Delta S'/L$(%)
1992.6.15	47.0	15.2	7.5	7.7	0.49	0.59
1992.8.10	66.6	23.4	17.4	6.0	0.74	0.46
1992.9.2	66.6	24.9	18.2	6.7	0.73	0.52
1992.9.12	66.6	26.5	18.8	7.7	0.71	0.59
1992.10.15	66.6	27.5	19.8	7.7	0.72	0.59

注：①L 为中心及坡肩两孔水平距离，其值为 13.0m；

②$\Delta S' = S_1 - S_3$；

③$\Delta S'/L$ 为横向差异沉降率。

2. 侧向变形的观测与分析

图 7-19 所示的是加荷过程中土体水平位移情况，由图可知：在上部填土荷载较小时，土体发生的侧向变形也小；当上部填土荷载超过 2.0m 填土时，土体发生了较大的背离填土区的变形，沿土层深度呈弓形分布，最大值达 6.5cm，深度在地表下 6.0m 左右（淤泥质黏性土层中），往下沿深度递减。根据图 7-19 所示的土体侧向变形量，可以推算出路基沉降中由于土体侧向变形而产生的附加沉降。经计算，该段填土结束三个月时，附加沉降量占总沉降量的 15% 左右。

3. 孔隙水压力的观测与分析（略）

该项的测量及分析需要一些其他专业的相关知识，在此不予以介绍。

4. 总体结论

总结上述三种观测结果，得到如下几点结论：

(1)路堤填筑后，经七个月预压，已完成了大部分的沉降，淤泥质黏性土的固结度已达 80% 以上，残余沉降量小于 10.0cm，满足设计要求，各土层的物理力学指标有了显著提高。

(2)在加荷初期，土体沉降明显较大，差异沉降较大，侧向变

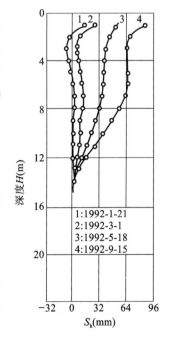

图 7-19　S_h-H 过程线

形也较大。

(3)本路段地表以下的淤泥质黏性土层为主要压缩层,其压缩量占总沉降的 80% 以上,该土层是控制沉降变形的主要土层,应引起重视。

思考与练习题

1. 公路工程变形监测的任务是什么? 简述公路工程变形监测工作的意义。

2. 如何制定公路工程变形监测方案,其主要内容包括哪些?

3. 试对公路工程与边坡工程的监测工作进行比较,说明其各自的特点及异同之处。

4. 简述高速铁路变形监测点的分类。

5. 桥梁垂直位移监测的主要方法有哪些?

6. 桥梁水平位移监测的主要方法有哪些?

7. 桥梁挠度监测的主要内容有哪些?

实训　隧道拱顶变形监测

一、作业准备

1. 作业分组

实训小组由 3~5 人组成,分别司职观测员、记录员、扶尺员,设组长 1 人。

2. 仪器配置

(1)每个实训小组配备断面仪 1 台、脚架 3 个。

(2)个人配备记录板、记录表格、铅笔、小刀等工具。

3. 实训时间

实训时间为 4 个课时。

4. 实训内容

(1)每个实训小组完成隧道监测断面监测点布设。

(2)每个实训小组完成 1 组监测断面的观测。

(3)实训小组团体完成监测断面图的绘制。

5. 实训目标

(1)掌握隧道监测断面监测点布设。

(2)掌握隧道监测断面的观测。

(3)掌握隧道监测断面图的绘制。

二、作业实施

1. 隧道监测断面监测点布设。

2. 隧道监测断面的观测。

3. 隧道监测断面图的绘制。

三、作业要求与注意事项

1. 作业依据:《工程测量标准》(GB 50026—2020)
2. 仪器严格整平,气泡要居中。
3. 监测断面布设合理。

四、实训报告

　　　姓名_____学号_____班级_____指导教师_____日期_____

[实训名称]

[目的与要求]

[仪器和工具]

[主要步骤]

[数据处理]

项目八　边坡工程变形监测

【项目概述】

高边坡是指土方开挖高度不小于20m的边坡。高边坡受到各种不稳定因素的影响,成为滑坡、崩塌等地质灾害和工程事故的多发地段。边坡工程包括:矿区边坡、水库库区边坡、大坝的坝基边坡;公路、铁路边坡;隧道边坡、仰坡,基坑边坡,河道护岸边坡,自然边坡。本项目主要介绍了基于GPS及全站仪的边坡工程变形监测方法、监测内容及设计,并结合云南省实际工程案例分析了变形监测技术的应用。

任务 1　概　　述

【任务介绍】

高边坡监测是工程测量的重要内容,特别是在水库库区边坡、大坝的坝基边坡、公路及铁路边坡施工及维护中具有重要作用。本节主要学习基坑工程监测的目的和意义,以及基坑监测的一般要求。

【学习目标】

①了解边坡监测的目的。

②了解边坡监测的设计原则。

高边坡是指土方开挖高度不小于20m的边坡。高边坡受到各种不稳定因素的影响,成为滑坡、崩塌等地质灾害和工程事故的多发地段。在岩土边坡的分类中,通常把坡高为 $10\sim15$m 的土质边坡称为高边坡,把坡度为 $30°\sim60°$ 的边坡称为陡坡,把坡度为 $60°\sim90°$ 的边坡称为急坡。边坡工程包括:矿区边坡、水库库区边坡、大坝的坝基边坡;公路、铁路边坡;隧道边坡、仰坡,基坑边坡,河道护岸边坡,自然边坡。

一、高边坡监测的目的和特点

1.高边坡监测的目的

(1)对高边坡进行稳定性监测,确保施工期以及运营期的安全。

(2)评价边坡施工及其使用过程中边坡的稳定性,并作出有关预测,为业主提供预测数据,跟踪和控制施工过程,合理采用和调整有关施工工艺和步骤,取得最佳经济效益。

(3)为防止滑坡并为可能的滑动和蠕变提供及时支持,要预测滑坡的边界条件、规模、滑动方向、发生时间及危害程度,并及时采取措施,以尽量避免和减轻灾害损失。

(4)为滑坡理论和边坡设计方法的研究提供参考依据。

(5)为边坡支护工程的维护提供依据。

2.高边坡监测的特点

(1)监测区域大,涉及的岩土性质复杂;

(2)边坡逐渐形成,部分监测点的位置要随之变动;

(3)监测的期限很长,贯穿于整个工程建设过程。

二、边坡安全监测系统的设计依据与原则

1.设计依据和标准(表 8-1)

表 8-1　边坡安全监测系统的设计依据和标准

名称	编号	发布部门	年份
建筑边坡工程技术规范	GB 50330—2013	住房和城乡建设部	2013
全球定位系统(GPS)测量规范	GB/T 18314—2009	国家质量监督检验检疫总局	2009
卫星通信中央站通用技术条件	GB/T 16952—1997	国家技术监督局	1998
计算机信息系统　安全保护等级划分准则	GB 17859—1999	国家技术监督局	2001
精密工程测量规范	GB/T 15314—1994	国家技术监督局	1995
岩土工程监测规范	YS/T 5229—2019	中国有色金属工业总公司	2020
测绘技术总结编写规定	CH/T 1001—2005	国家测绘局	2006
全球定位系统(GPS)测量型接收机检定规程	CH 8016—1995	国家测绘局	1995
电子设备雷击试验方法	GB/T 3482—2008	国家质量监督检验检疫总局	2008
通信用电源设备通用试验方法	GB/T 16821—2007	国家质量监督检验检疫总局	2007
边坡工程勘察规范	YS/T 5230—2019	工业和信息化部	2020
信息处理系统计算机系统配置图符号及约定	GB/T 14085—1993	国家技术监督局	1993
UNAVCO 基准站建立规范	—	国际 UNAVCO 组织	—
IGS 基准站建立规范	—	国际 IGS 委员会	—
混凝土结构设计规范	GB 50010—2010	住房和城乡建设部	2011

2.设计原则

综合相关技术规范及实际情况,高边坡监测系统设计应遵循以下原则:

(1)自动化监测系统应具有先进性,运行应稳定、可靠、简便、实用。

(2)采用故障率低、可靠性好,并经过长期现场考验的监测系统及仪器设备。边坡安全监测和管理自动化系统,采用分布式自动化数据采集系统,在高边坡管理中心设总控制室(监控主站)集中控制监测设施。

(3)充分发挥软件的功能,组织技术人员开发适合的整编软件,实现边坡安全监测和安全管理现代化。

任务 2　边坡工程监测内容和方法

【任务介绍】

　　高边坡监测有很多重要的监测项目,本任务主要介绍各监测项目的基本工作量和监测采用的方法。

【学习目标】

　　①了解边坡监测的内容。

　　②了解边坡监测的方法。

　　依据实现自动化监测的设计要求,边坡工程主要采用坡顶三维位移监测、土体内部水平位移和垂直位移监测、预应力锚索应力监测、水位水压监测、地表裂缝监测、支护结构变形监测等方法进行监测。

一、坡顶三维位移

　　GPS 三维监测技术具有全天候作业、自动化程度高、受天气影响小等特点,已经广泛应用于大型结构物的变形监测工作中。原装进口、具有 ATR(自动目标识别)功能的高精度全站仪(又称测量机器人,代表仪器:徕卡 TCA 系列、天宝 S8 等仪器)在精密工程测量中的应用历史已达 20 年左右,在世界各地的大型水库大坝、地铁隧道、大型建筑等精密工程测量以及结构形变监测中均有良好的应用,性能稳定可靠,产品质量过硬。

二、土体内部位移监测

　　土体内部位移监测的主要仪器为钻孔测斜仪和钻孔位移计。监测边坡岩体深层位移时,考虑到边坡高度及地质情况的复杂程度,可在各级边坡的平台上依据监控网的需要布置深浅不一的测斜孔和多点位移计进行土体内部位移监测;在坡面上钻孔埋设分层沉降磁环,用分层沉降仪进行沉降监测,通过监测各磁环的沉降速率和累积沉降量来分析边坡土体内部垂直变形情况。

　　1. 深层水平位移(固定式测斜仪)监测

　　(1)测试仪器及测点埋设

　　①测试仪器:GN-1B 固定式测斜仪、测斜管。

　　②测斜管埋设:直接在预埋位置钻孔,钻孔偏斜率不大于 1%,钻孔深度以测斜管打入相对硬土层 3m 为控制标准(具体深度依据钻探资料中测斜管所在边坡横断面的滑裂深度确定),测斜管的其中一组导槽应平行于边坡轴线方向。

　　(2)安装方法

　　固定式测斜仪从生产厂家出厂时是散件包装的,首先应检查测斜仪的导向轮是否转动灵活,扭簧是否有力;检查传感器部件是否工作正常(以铅垂线为基准,倾向高端导向轮一侧读数增大,倾向另一侧读数减小),按设计高程截取连接钢丝绳(设计高程±25cm),并将固定式测斜仪用钢丝绳首尾相连,确认完好后以备安装。

　　如在测孔内只安装一套仪器,则只要把固定式测斜仪头部与钢丝绳连接即可。在安装时要根据被测物需要监测的偏移方向,先将传感器和轮架导轮的正方向(高轮方向)对准测斜管的"A+"轴向或"B+"轴向导槽,缓缓滑入测管内,理顺仪器电缆,每放一段深度用自锁扎带把电缆同吊装钢丝绳缠在一起,注意不要扎在固定式测斜仪的部件上。当放到设计高程后把最后的吊装钢丝绳固定在孔口装置的横轴上用锁扣锁紧,将电缆按设计走向埋设。

串联安装两套以上固定式测斜仪时安装方法与上述基本相同,固定式测斜仪是用钢丝绳首尾相连的,组装时应按施工图纸要求的数量装成一个个测量单元,检查确认完好后以备吊装。吊装是按一个个测量单元的顺序将其放入测斜管内,每个测量单元之间用钢丝绳连接,连接一定要牢靠,各个测量单元的所有导向轮方向必须一致。

需要注意的是,每套固定式测斜仪要按顺序作好编号记录,逐个装入时电缆要逐个理顺并一起用自锁扎带同钢丝绳缠在一起,所有电缆要松弛不能拉紧,将最后的钢丝绳缚在孔口装置的横轴上用锁扣锁紧。下放完成后应核查仪器高程是否准确,并拉动吊装钢丝绳用读数仪检查传感器的工作是否正常,随后记录稳定的初始读数,如发现问题可取出仪器重新安装。最后孔口应设保护设施。自动监测电缆按规定走向固定埋设。

2.多点位移计监测

(1)测试仪器

多点位移计是一种监测边坡深层位移的有效仪器,它利用在岩体中钻孔后,在孔内不同深度埋设测点固定锚头,与锚头连接的测杆(测杆外用护管与灌浆水泥砂浆隔开)上装设位移读数装置,来测量沿钻孔轴线上不同深度的测点位移变化。

(2)多点位移计埋设(图 8-1)

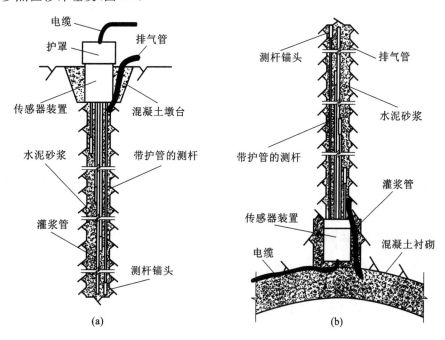

图 8-1　多点位移计安装图

(a)正向;(b)反向

①直接在预埋位置钻孔,将已钻好孔的孔口用砂浆抹平。传感器定位座与不锈钢测杆及其保护管连接,把不锈钢测杆按点数与每点的设计测量长度用测杆连接螺丝连接好,测杆的最

上端拧上小连接螺母（$\phi10\times30$，一般出厂前都已连接好）。在测杆上套上外护管，并用外护管接头逐节把外护管接到小于测杆 20~25cm 的长度，然后把密封接头（内放 O 形圈，出厂前最前端的锚固头、测杆及外护管都已连接好）从测杆底端套上并和外护管底端连接；再把锚固头（出厂前最前端的锚固头、测杆及外护管都已连接好）拧紧在测杆底端；最后在外护管的上端套上活络螺母和护管接头。把测杆顶端（带小螺母接头）从定位座底面的接头孔中穿入定位座内，并从定位座上端安放传感器的孔中拧上定位螺钉（M10），定位螺钉应和测杆上的小连接螺母拧紧，然后再把外护管上的活络螺母与定位座上的接头拧紧。按以上步骤把设计数量的测杆和外护管一一连接好，所有连接部位都应可靠不至于脱落，把所有的管子可靠定位并扎紧成一束，对每一根测杆对应的位置做好编号。拧下注浆孔与排气孔上的封头螺丝，穿入注浆管与排气管，如果从外部注浆则不必拧下封头螺丝。将注浆管和排气管随同扎好的测杆、外护管放入孔中，安放时应小心，以防把外护管擦坏。

②灌浆。测杆安装结束后，用膨胀螺栓把定位法兰固定好后开始注浆，按相应的程序注浆到一定的高度即可。

③传感器的安装与调试。待孔内所注砂浆基本凝固后，脱下保护罩，用扳手调节并帽，边拧时可边用频率读数仪测量传感器的读数，一直拧到频率读数仪的读数产生变化，并对传感器的安装初值作出预调，依次类推，直至余下的仪器安装完毕，并记录好每一只传感器的编号对应的测杆编号。记录好输出电缆芯线的颜色与传感器编号，以便今后测量时区分传感器所测点的深度。在护罩的端口拧上盖板，并拧紧电缆接头，做好防尘、防渗工作。

④保护。固定好外部输出电缆并做好保护措施，最好在变位计上建一可靠的保护装置（使变位计在今后的测量过程中不被损坏即可），该台变位计即可投入使用。

3. 土体内部垂直位移监测

（1）监测点布置

根据设计要求结合现场实际情况进行布置，在各级边坡坡顶的相应位置布置分层沉降管。

（2）仪器埋设

埋设时预先用全站仪定位，然后用钻机钻孔至硬土层以下 3.0m，在成孔过程中成孔倾斜度不能大于 1.5%。再将封好底盖的沉降管逐节下放，每个孔按间隔 2m 埋设相应的监测磁环。沉降管和钻孔之间的孔隙中用中粗砂回填。磁环埋好后，待沉降管稳定后用沉降仪测量一到两次，对磁环的位置、数量进行校对，同时用水准仪对管口标高进行测量。对磁环进行编号，将初始各个磁环至管口距离、管口标高作为初始读数记录在表格里。

三、预应力锚索应力监测

预应力锚索应力监测：选择一些有代表性的锚索，在锚头安装锚索测力计，通过对张拉过程中以及张拉完成后锚索应力的变化进行监测，来分析张拉过程中以及张拉完成后的预应力变化规律，进而讨论加固效果和应力稳定变化规律。

（1）测试仪器及测点埋设

①测试仪器：VWA 系列预应力锚索测力计。

②测点安装与监测方法。

监测仪器的安装质量是能否获得可靠监测资料的关键。测力计的安装是伴随锚索施工进行的，它包括钻孔、编锚索钢绞线、穿索、内锚段注浆和张拉等工序，锚索测力计安装在张拉端或锚固端,安装时钢绞线或锚索从测力计中心穿过,测力计处于钢垫座和工作锚之间,整个张拉过程采用油压表控制加载,分级张拉,拉力达到设计值时进行锁定。在分级张拉过程中,应随时对锚索计进行现场监控,并从中间锚索开始向周围锚索逐步加载,以免锚索计偏心受力或过载。张拉完成后取下千斤顶,裁除多余的锚索、理出监测电缆测头后用混凝土封住锚头,继续进行读数监测,监测预应力锚索张拉后预应力长期变化情况,对边坡开挖的稳定性进行判断。

（2）测量方法

测量单支振弦式传感器时应将测量线快速插头插在读数仪的左边插座上,将连接电缆夹子连接上对应传感器的输出电缆,黑、红色电缆测频率,白、绿色电缆测温度。

四、水位水压监测

在边坡适当位置根据现场实际情况布设监测孔,监测地下水、渗水与降雨的关系,确定边坡变形和时间、降雨的关系,进而分析和判断边坡稳定变化的情况。

在各级边坡平台坡脚处布设水位水压监测孔,将水位管预埋在监测孔内对水位进行监测,以了解其变化过程。监测孔为钻机成孔,设置在深度为10m左右的透水层中,然后将带有进水孔、直径为50mm的水位管（钢管或PVC管）放入孔中,再从管外回填净砂至地表50cm,管口设必要的保护装置。用水位计量测水位至管顶的距离,测出水位管的高程,推算出水位的标高。通过对水位的监测,可以监测地下水、渗水与降雨的关系,确定边坡变形与时间、降雨的关系,进而分析和判断边坡稳定变化的情况。

五、裂缝监测

裂缝监测以人员巡视为主,将有裂缝出现的断面作为重点监测断面,结合深层水平位移和坡面位移监测成果综合分析。

任务3　边坡工程监测技术设计

【任务介绍】

进行高边坡监测,首先是监测点的合理布设,形成合理的监测网。在对监测点的各项监测中,通常可以根据实际情况选择GPS监测方法及全站仪监测方法,不同系统的功能不一样,精度及实际工作效率也不一样。

【学习目标】

①了解边坡监测的技术设计内容。

②了解边坡监测的GPS方法和全站仪方法。

一、监测点布设

监测点的布设一般有以下三个步骤:

1. 测线布置

首先圈定主要的监测范围,估计主要滑动方向,按滑动方向及范围确定测线。选取典型断面布置测线,再按测线布置相应监测点。

说明:对主滑方向和范围明确的边坡,测线可采用十字形布置。十字形布置测线时,深部位移监测孔通常布设在主滑方向上。对主滑方向和范围不明确的边坡,采用放射形布置更为适用。放射形布置测线时,应在不同方向交叉布置深部位移监测孔。

2.监测网形成

考虑平面及空间的展布,各个测线按一定规律形成监测网;监测网可能是一次形成也可能分阶段形成;监测网的形成不仅在平面内,更重要的是体现其在空间上的展布。

3.局部加强,加深加密布点

局部加强部位包括可能形成的滑动带,重点监测部位和可疑点。

二、监测控制标准

(1)累积位移量、累积沉降量:小于或等于50mm;
(2)日均位移量、日均沉降量:小于或等于2.5mm/d;
(3)锚索预应力损失:小于设计张拉值10%。

三、主要监测设备(表8-2)

表 8-2　主要监测设备型号及使用部位

设备名称	设备型号	使用部位
卫星接收机	南方测绘 NET 系列	支护结构、边坡三维位移
测量机器人	徕卡监测全站仪	支护结构、边坡三维位移
固定式测斜仪	GN-1B	土体内部水平位移
振弦式多点位移计	VWM-100	土体内部垂直位移
振弦式水位计	GL-1	地下水位
锚索测力计	VWA	锚索预应力
分层沉降仪	DC1900	土体内部垂直位移

四、边坡表面变形监测设计(GPS 方案)

1.GPS 监测系统组成

GPS 监测系统由三部分组成:数据采集子系统、数据传输子系统、数据解算及管理子系统(监控中心)。其中数据采集子系统由位移监测点及两个基准站组成,采集的原始数据通过数据传输子系统进行传输,数据传输子系统由无线网线搭建而成。原始数据流最终传到监控中心由软件进行自动解算、分析。监控中心备有通信光缆,各监管部门可以实时地浏览系统运行情况。位移监测系统拓扑图如图 8-2 所示。

由于野外条件恶劣,必须考虑监测站及基准站接收机的保护。需要建一个 2m×2m×2m(长×宽×高)的采集房,用来安置 GPS 接收机、UPS、数据传输设备等。采集房的建设要考虑通风、防雨、防尘等因素,保证设备正常运行。

2.数据处理及系统软件功能

南方高精度变形监测软件 SMOS 是南方测绘在 Visual C++环境下编写的高精度变形监测系统软件,该软件实现了数据处理、地图显示、数据库建立、图形管理和成果输出等功能。

该软件系统变形监测数据处理流程图如图 8-3 所示。

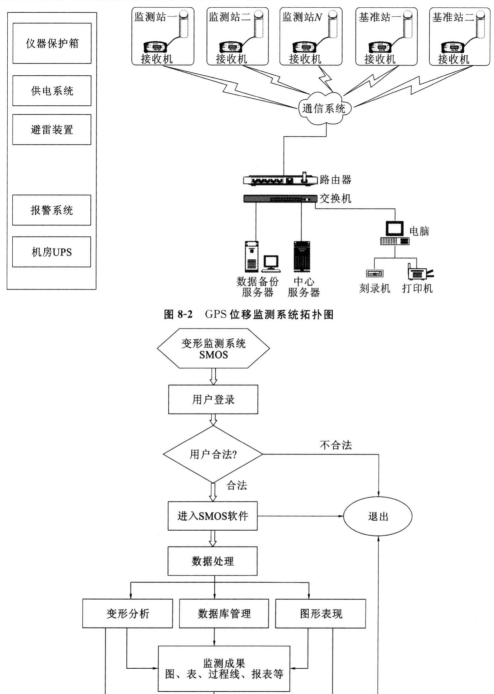

图 8-2　GPS 位移监测系统拓扑图

图 8-3　SMOS 变形监测数据处理流程图

SMOS 功能结构示意图如图 8-4 所示,其具体功能如下:

(1)系统可以连续、自动、实时地完成监测对象外部变形数据的采集及处理;

(2)控制中心根据处理的数据,实现分析、过程线图形绘制、判断、预测、报表打印和 Web 发布;

（3）数据通过互联网或者 GPRS/CDMA 等无线通信技术转发到其他分管中心或者上级单位，分管中心数据与现场控制中心的数据完全一致；

（4）系统设置用户权限，一般用户可以对数据进行查询、浏览、历史数据回放等操作，但不能更改系统参数，只有系统管理员才能对系统进行全权管理；

（5）参考相关标准、规范及经验数据，为变形体设置预警值，实现超限报警功能。

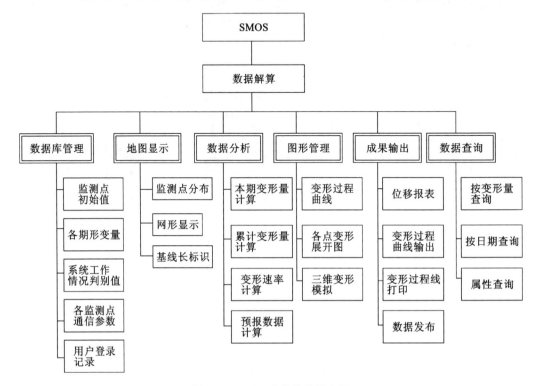

图 8-4　SMOS 功能结构示意图

3.成果资料整理

GPS 监测系统的资料可以分为以下几类：仪器设备资料、监测网原始监测资料、计算资料和成果资料等。仪器设备资料包括 GPS 接收机、天线、控制设备、通信设备等的资料，以及与基准点和监测点埋设有关的考证表等。监测网原始监测资料、计算资料和成果资料由现场监测实施单位提供，成果资料包括监测点的位移量成果、精度、位移趋势线、预报值等。

对以上资料按档案管理的规定进行分类管理，对所有资料均保存电子文档，对成果资料提供文字和图表资料。各期监测成果资料报送管理部门。

五、边坡表面变形监测设计（全站仪方案）

1.全站仪自动监测系统

监测站是指安置自动化全站仪的仪器主站。自动监测系统的主脑——自动化全站仪将在这里对监测点进行监测，并把得到的监测数据通过无线或有线网络传回控制室的专用电脑。考虑长期无人值守的监测，监测站可与监测值班房联为一体，方便供电与通信设施的布设，同时便于设备的保护。

监测控制网是指为整个监测过程提供稳定的监测基准数据而建立的控制网。大坝外部变形监测工作的目的是要及时获得大坝在不同情况下的变形状况与变形趋势,因此,在大坝变形区以外(即非变形区)必须利用大地测量的方法来建立监测控制网,并要对其进行定期复测。这项工作一般在实施变形监测工作以前就要完成。

监测控制网是由包含监测站在内的四个及四个以上的监测基准点组成的控制网。它是用大地测量的方法来建立的。监测基准点的选取和布设原则与监测站相同,均要求选取地质基础稳定、不易被破坏的地点安置。

2.监测设计方案

在监测部位以外相对稳定的地方建立工作基点网(包括设站点和参考基准站),每一个测量周期均按照极坐标的方法测量参考基准站和变形点的斜距、水平角和垂直角,将参考基准站的测量值与其真实值(通过建立工作基点网得到)进行比较。若存在一差异,则这一差异可认为是受到各种因素影响的结果,包括大气、温度及仪器等的影响。把参考基准站的差异加到变形点的监测值上,通过计算即可得到变形点的实际坐标。极坐标监测系统示意图如图8-5所示。

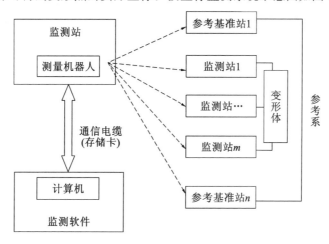

图 8-5　极坐标差分法监测系统

【案例】　　　　　　　　　　　　边坡监测实例

一、仪器设备选择

南方测绘变形监测全站仪方案,采用自动测量型全站仪作为三维位移监测的数据采集设备。在长期的实践中,南方与徕卡和天宝等国际知名厂商合作,基于目前高精度的全站仪开发了全站仪变形监测软件系统,并应用在高铁、建筑物、边坡监测等方面。下面主要介绍徕卡 TM30、TC1201M。

徕卡 TM30(图 8-6)是专门为监测系统设计开发的监测机器人,其性能参数见表8-3。徕卡 TM30 具有可靠性高和坚实耐用的特点,其长距离自动识别技术在搜索和测量棱镜时测程可达3000m,且精度可达到毫米级。最大限度地提高了仪器设站的灵活性,可避开危险站点,确保仪器安全,尤其在大型项目中显著降低了投入和使用成本。其小视场技术有效提高了自动目标识别(ATR)对棱镜的识别分辨力,在测量过程中,当视场内存在多个

图 8-6　徕卡 TM30 全站仪

棱镜时,能够快速、准确地识别出正确的目标棱镜。

表 8-3　徕卡 TM30 全站仪性能参数

角度测量[1]		
精度	$0.5''(0.15\text{mgon})$,$1''(0.3\text{mgon})$	
原理	绝对编码、连续、四重角度探测	
距离测量(棱镜)		
测程	圆棱镜(GPR1)	3500m
精度[2]/测量时间	精密[3,4]	$0.6\text{mm}+1\times10^{-6}D$/一般为 7s
	标准	$1\text{mm}+1\times10^{-6}D$/一般为 2.4s
距离测量(无棱镜)		
测程[5]	1000m	
精度[2,6]/测量时间	$2\text{mm}+2\times10^{-6}D$/一般为 3s	
驱动		
最大加速度	$360°(400\text{gon})/\text{s}^2$	
转速	$180°(200\text{gon})/\text{s}$	
倒镜时间	2.9s	
旋转 $180°(200\text{gon})$定位时间	2.3s	
原理	压电陶瓷驱动技术	
自动目标识别(ATR)		
有效范围[3]	圆棱镜(GPR1)	3000m
精度/测量时间(GPR1)	基本定位精度	±1mm
	3000m 处点位精度	±7mm
200m 处最小棱镜分辨间距	0.3m	
原理	数字摄像技术	
基本参数		
望远镜放大倍数/调焦范围	30×/1.7m 到无穷远	
键盘以及显示屏	1/4VGA,彩色触摸屏,双面/34 键,带屏幕,键盘照明	
数据存储	256M 内存,256M 或 1G CF 卡	
接口	RS232,无线蓝牙	
操作	3 个无限位微动螺旋,可进行单手或双手操作	
	自定义键可进行快速手动测量	
	激光对中	
标准功耗	一般为 5.9W	
安全	密码保护以及键盘锁	
工作温度	$-20\sim+50℃(-4\sim+122℉)$	
防水防尘标准(IEC 60529)	IP54	
湿度	95%,无冷凝	

注:(1)标准偏差符合 ISO-17123-3;

　　(2)标准偏差符合 ISO-17123-4;

　　(3)阴天,无雾,能见度达 40km,无热流闪烁;

　　(4)测程达 1000m,配合 GPH1P 棱镜;

　　(5)物体处于阴影中,阴天,柯达灰度板(90%反射率);

　　(6)距离大于 500m,4mm+2ppm。

徕卡为远距离监测制造了 TC1201M 全站仪。即便是处于远距离的目标,该仪器也能够探测到,并借助于"信号扫描"功能瞄准——该功能可远程测定并显现滑坡或露天矿的位移,照准单圆棱镜可超过 8km,远距离测量精度可达±(2mm+2×10⁻⁶×D),即使是穿窗测量(如监测房的玻璃窗),监测精度仍然可靠。TC1201M 具体测程参数如图 8-7 所示。

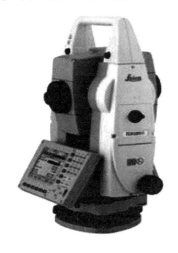

技术参数

到标准圆棱镜距离测量的测程

大气条件	测程	
	(m)	(ft)
A	4500	14700
B	8000	26200
C	>8000	>26200

大气条件:
A. 浓雾,能见度 5km,或强烈阳光,强烈热闪烁;
B. 薄雾,能见度 20km,或中等阳光,轻微热闪烁;
C. 阴天,无雾,能见度 40km,没有热闪烁。

最短可测距离:5.0m

图 8-7　TC1201M 全站仪及其相关参数

二、监测站(监测房)及监测控制网的布设

根据现场条件,监测站距监测值班房有一段距离,自动变形监测系统的全站仪监测站应选在稳定可靠、通视良好的位置。该站应有建在基岩基础上的仪器墩,以安置自动化全站仪。为了稳固起见,仪器墩不宜太高、太细,高出地面应在 6m 以内,直径应为 60~70cm。为了仪器防护、保温等需要,并保证有较好的通视条件,还需专门设计、建造监测房。监测房的防护玻璃设计为推拉式自动起闭的形式,系统运行时打开,以便系统测量工作正常进行。监测亭建设效果示意图如图 8-8 所示。

(a)　　　　　　　　　　　　　　(b)

图 8-8　全站仪监测亭

三、南方测绘全站仪数据处理及系统软件功能

1. 软件定位

SMOS-TS 自动化变形实时监测系统软件是由南方测绘集团南方高速铁路测量技术有限公司研发的,基于高精度全站仪(又称测量机器人),利用马达驱动、超级搜索(PS)、自动识别

目标(ATR)等功能进行实时三维坐标形变量分析的监测系统软件。这套软件运用极坐标差分的方法来修正各监测点的三维坐标值,近距离监测能够达到亚毫米级的精度,对于人工建筑变形分析,比如高边坡监测、大型桥梁监测、水库大坝监测、尾矿库监测、矿山采空区沉陷监测、城市地下深基坑监测、隧道监测、山体滑坡监测等具有非常大的现实意义。SMOS-TS软件界面如图8-9所示。用该软件进行数据分析,可以显示监测位移过程线,如图8-10所示。

图 8-9　SMOS-TS **软件界面**

2. 软件数据处理原理

SMOS-TS自动化变形实时监测系统软件通过有线或者无线的方式控制仪器,在仪器和监测点通视的情况下,能对安放在目标设施或自然物体上的监测点进行实时三维坐标解算,经过差分后近距离监测可以达到亚毫米级精度。

极坐标差分处理的基本原理是:每一个测量周期均按极坐标的方法测量基准点和变形测点的斜距、水平角和垂直角,将基准点的测量值与其基准值(基准网的测量值)进行对比,以求得差值。这一差值可以认为是受大气压力、温度及仪器等各种因素影响的结果。自动化测量可以在短时间内完成一个周期的测量,可以认为这些因素对基准点和变形点的影响是相同的,故可以把基准点的差异加到变形点的监测值上进行差分处理,计算变形点的三维位移量。由于监测条件相同,故利用基准点所提供的改正数可以消除共同误差,从而可大幅度提高变形监测精度。差分处理改正后各点的精度大为提高,尤其是高程(z),其精度受气象和垂直折光的影响比较大,使用差分处理得到了很好的改正。

3. 软件功能

SMOS-TS自动化变形实时监测系统具有用户权限设置、自动测量设置、监测数据记录、自动报警、图形实时显示等功能。以SMOS自动化变形实时监测系统为核心构成的变形监测网中的每个监测站所监测的数据可以通过光纤电缆、电台、无线模块设备等传到控制中心,控制中心的SMOS自动化实时监测系统软件根据每个监测站对应的IP地址和端口号,获得每个监测站的实时数据流,从而对这些实时数据进行实时差分解算,得到各个监测点的改正三维

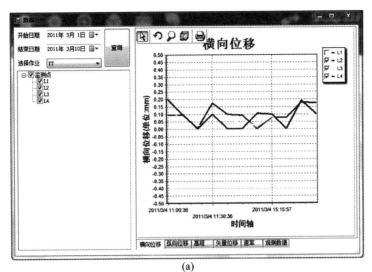

(a)

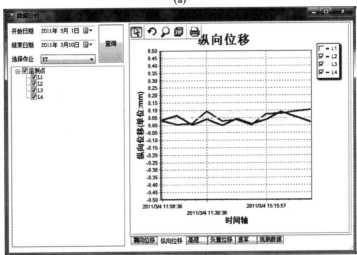

(b)

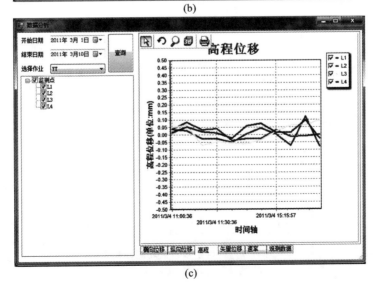

(c)

图 8-10 监测位移过程线显示

坐标值,并存入 SQL 数据库。

SMOS-TS 软件具有如下突出优势:

(1)全天 24h 可无人值守,对监测点数据进行 24h 实时或准实时差分处理,进行变形监测,永不间断。

(2)当系统在意外的情况下崩溃时,在不需要移动全站仪的前提下,重新打开本系统,并打开崩溃前的监测工程,系统即可加载崩溃前的所有测量信息,然后在自动测量界面开始自动监测,使得一切变得简单而高效。

(3)支持多个监测站。在监测环境比较特殊的情况下可以使用多个监测站进行监测,也无须再多购置几套软件,节省了投资;而且根据多个测站的监测数据,可同时对多个测站的数据进行差分处理,提高点位精度和可靠性。

(4)监测方式灵活,根据不同的监测环境可以灵活地选择有线方式和无线方式。

(5)系统自动报警。一旦某个监测点累积形变量超出限差,即可马上通过电子邮件或手机短消息的方式报警。

(6)反射棱镜价格低廉,有利于增加监测点数,有效节省了投资。

(7)可根据自动测量设置,灵活处理自动测量时的某些突发事件,例如,目标遮挡后如何处理等。

(8)消息框实时显示监测点三维实测坐标值并提醒测量过程中出现的错误。

(9)测量方案先进,系统组成合理。在监测基准网的基础上,采用差分处理可消除或减弱各种误差对测量结果的影响,大幅度提高测量精度,并可同时获得每个变形点的平面和垂直位移信息。

(10)自动化程度高、可靠性强,系统可以实现自动监测,并可实时进行数据处理、分析,打印变形曲线图,报表输出。

(11)监测时间灵活、时效性强,可以根据不同的周期进行监测。

(12)系统维护方便、运行成本低。

四、资料整编系统

按《边坡工程勘察规范》(YS/T 5230—2019)、《建筑边坡工程技术规范》(GB 50330—2013)、《测绘技术总结编写规定》(CH/T 1001—2005)、《混凝土坝安全监测资料整编规程》(DL/T 5209—2020)及相关规程要求对监测资料进行整编,同时,资料整编系统应能够对资料进行维护。

资料整编系统由资料维护、报表打印、图形绘制等模块组成。其中报表和图形的种类可以根据工程实际需要添加或减少。其功能结构见图 8-11。

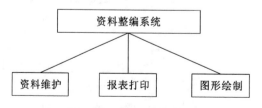

图 8-11　资料整编系统功能结构

1.资料维护

资料维护包括考证资料维护,监测数据添加,监测数据查询、修改,监测资料删除,监测数据计算,异常数据处理,数据备份,数据恢复。其功能结构见图 8-12。

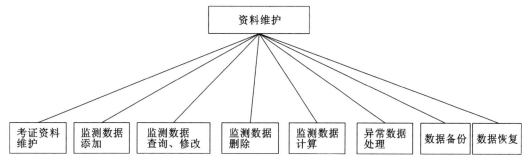

图 8-12　资料维护功能结构

(1)考证资料维护

根据监测项目不同,给出测点的相关信息,包括测点部位和监测仪器参数。每次显示一个测点信息,既可通过前后反转查看其他测点信息,也可从测点列表中选择某个测点查看其信息。查询到所需测点时,即可进行修改和删除操作。考证资料维护也可以添加新测点信息。

(2)监测数据添加

提供了针对历史监测资料和当前监测资料两种数据添加方式,使人工监测数据录入更加方便、快捷,并具有异常数据实时报警功能。

(3)监测数据查询、修改

对于监测资料,可以查询多个测点一段时间内的监测数据。选择监测项目、开始日期、结束日期、开始测点、结束测点后,将显示所有符合条件的数据,显示顺序可以按日期排序或按测点排序。显示数据的同时,可以对所查询的数据进行修改,并可保存修改结果。

(4)监测数据删除

根据监测项目、开始日期、结束日期、开始测点、结束测点等参数从数据库中删除符合条件的监测数据。

(5)监测数据计算

对人工录入的数据进行计算,得出工程物理量,并保存至数据库。

(6)异常数据处理

通过对系列监测数据进行比较,查找到监测数据的尖峰值,这些尖峰值可能是异常数据。当选择某个监测项目中的某个测点时,系统将给出测点的基本信息(如桩号、坝轴距、设置高程等),绘制这一测点数据的过程线,用红点标出尖峰值。当确定这些数据是人为造成的时,可以修改或删除这些数据。

(7)数据备份

根据开始日期、结束日期将这一段时间所有的监测数据备份到指定存储设备。

(8)数据恢复

根据开始日期、结束日期将这一段时间的监测数据从指定存储设备恢复到数据库中,如果数据库已有这一段时间的数据,则进行覆盖。

2.报表打印

报表打印包括考证表、日报表、月报表、年报表等报表打印。其功能结构见图 8-13。

(1)考证表

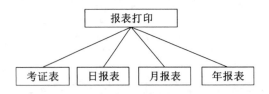

图 8-13　报表打印功能结构

考证表有两种形式,一种是多个测点组成一张表,包含测点的主要信息,如测点编号、桩号、坝轴距、高程等;另一种是一个测点组成一张表,包含测点的所有信息。

(2)日报表

日报表是一个监测项目一日监测数据组成的一张表,包含原始测量数据和经过计算的工程物理量,每个测点一行,不同的监测项目用不同的表(表的列名、列数不一样)。

(3)月报表

月报表是一个监测项目一个月的监测数据组成的报表,可以根据需要打印指定月份的监测数据。

(4)年报表

年报表有两种形式,一种是一个测点构成一张表,每日监测数据均打印,表尾部为各月和全年统计;另一种是多个测点构成一张表,可以根据需要打印指定日期的监测数据,统计数据打印在最后一页纸的尾部。

3.图形绘制

图形绘制包括绘制过程线、特征库水位下过程线、相关线、表面位移纵向分布图、表面位移横向分布图、竖向位移平面分布图、内部变形分布图、位势过程线、坝体浸润线、坝基渗流压力分布图、扬压力分布图、渗流压力平面分布图、位势平面分布图、温度平面分布图等。其功能结构见图 8-14。

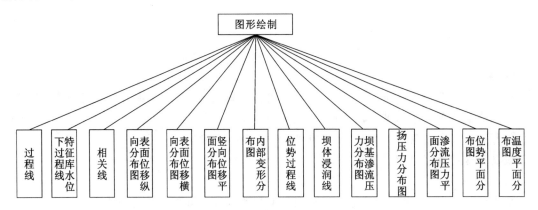

图 8-14　图形绘制功能结构

思考与练习题

1.简述边坡监测的意义及监测点布设的原则。

2.高边坡监测内容有哪些?

3.影响变位计监测精度的因素有哪些?

4.如何有效设计边坡监测的周期？

5.GPS 监测方案和全站仪监测方案相比,各有哪些优、缺点？

6.简述边坡自动变形监测系统的功能和设计思想。

7.简述南方公司监测系统 SMOS 的功能和特点。

8.如何进行边坡裂缝监测？ 能否实现自动化监测？

9.基于 GPS 的自动远程边坡监测系统的设计理念和方法是什么？

10.边坡监测和地质灾害预测防治的关系是什么？

实训　坡顶三维位移监测

一、作业准备

1.作业分组

实训小组由 3~5 人组成,分别司职观测员、记录员、扶尺员,设组长 1 人。

2.仪器配置

(1)每个实训小组配备测量机器人 1 台、脚架若干个。

(2)个人配备记录板、记录表格、铅笔、小刀等工具。

3.实训时间

实训时间为 4 个课时。

4.实训内容

(1)每个实训小组完成坡顶监测点布设。

(2)每个实训小组完成 1 组坡顶监测点观测。

(3)实训小组团体完成坡顶监测点位置计算。

5.实训目标

(1)掌握边坡监测点布设。

(2)掌握并使用测量机器人坡顶监测点观测。

(3)掌握坡顶监测点位置计算。

二、作业实施

1.边坡监测点布设。

2.测量机器人坡顶监测点观测。

3.坡顶监测点位置计算。

三、作业要求与注意事项

1.作业依据:《工程测量标准》(GB 50026—2020)

2.仪器严格整平,气泡要居中。

3.边坡监测点布设合理。

四、实训报告

姓名_____学号_____班级_____指导教师_____日期_____

［实训名称］

［目的与要求］

［仪器和工具］

［主要步骤］

［数据处理］

项目九 监测资料的整编与分析

【项目概述】

工程变形监测的目的是为工程施工和运营阶段的安全提供必要信息,通过变形监测及其数据处理和分析,获得变形体的空间状态和时间状态。在工程变形监测过程中需要对监测数据进行处理,给出日报表、阶段性监测报告,以及整个监测工作结束后,对监测资料进行汇集、审核、整理、编排,使之集中化、系统化、规格化和图表化,对监测过程和监测结果进行认真总结,对变形情况作出客观描述,对变形原因进行相关分析和预测,将这些资料刊印成册,向需用单位提供资料和归档保存。同时也为监测单位持续的技术和质量改进提供依据,还可为监测技术设计以及有关规范、标准、规定的制定提供资料。

任务1 概 述

【任务介绍】

国家对建设文件归档有明确规定,专门制定了《建设工程文件归档规范》(GB/T 50328—2014)。该规范要求记载工程建设的主要过程和现状、具有保存价值的各种载体的文件,均应收集齐全,整理立卷后归档。工程变形监测作为工程建设中比较重要的环节,涉及的监测资料同样必须整理并归档。本书前面介绍了不同工程的监测内容、方法等,每一种监测都需要对监测数据进行处理,对出现的变形进行分析,在监测工作结束后必须提供完整的监测资料,本任务主要介绍变形监测资料整编与分析。

【学习目标】

①了解监测资料整编的意义。

②掌握监测资料整理的内容、范围、收集要求、方法。

一、监测资料的整编

在工程施工和运营过程中进行工程变形监测,其目的是随时掌握工程变形体的实际性状,判断其安全性;根据监测数据预测变形体未来可能发生的变形及其程度,从而起到指导工程安全施工和运营的作用,充分发挥工程效益;同时,也可验证设计时采用的各种相关安全系数,还可为相关变形研究提供真实数据。为了达到以上目的,除了进行现场监测,取得第一手资料外,还必须进行监测资料的整编和分析。

变形监测应依据监测方案进行周期性监测,每次监测都应有详细的监测数据记录,对大型监测项目还要有现场巡视检查记录。对这些监测记录及相关资料要进行及时整理和定期整编。

1.监测资料整理

监测资料整理就是对日常的现场巡视检查记录和仪器监测数据记录进行检验,计算监测物理量以及物理量的换算、填表、绘制过程线图,进行初步分析和异常值判别等,并将监测资料存入计算机。

每次巡视检查后,应随即对原始记录(含影像资料)进行整理。巡视检查的各种记录、影像和报告等均应按时间先后次序进行整理编排。随时补充或修正有关监测设施的变动或检验、校测情况,以及各种基本资料表、图等,确保资料的衔接和连续性。

每次外业监测(包括人工和自动化监测)完成后,应随即对原始记录的准确性、可靠性、完整性加以检查、检验,将其换算成所需的监测物理量,并判断测值有无异常。如有漏测、误读(误记)或异常,应及时补测(复测)、确认或更正,并记录有关情况。对原始监测数据应进行如下检查、检验:

①作业方法是否符合规定。

②监测记录是否正确、完整、清晰。

③按等级监测要求,各项技术指标是否超限。

④是否存在粗差。

⑤是否存在系统误差。

经检查、检验后,若判定监测数据超限或含有粗差,则应立即重测;若判定监测数据含有较大的系统误差时,则应分析原因,并设法减少或消除其影响。

当原始数据检查无误后及时计算各监测物理量、填写相关表格,将监测资料存入计算机,绘制监测物理量过程线图、分布图和监测物理量与某些原因量的相关关系图,检查和判断测值的变化趋势,作出初步分析。如有异常,应及时分析原因,先检查计算有无错误和监测系统有无故障,经多方比较判断,确认是监测物理量异常时,应及时上报相关方或主管部门,并附上有关文字说明。

整理好的监测资料应按照工程单位要求时限,及时报送工程相关方(工程建设方和工程监理等)。在大坝监测中,规范明确要求:对于人工监测,不得晚于次日 12 点;对于自动化监测,应在数据采集后立即自动整理和报警。其目的是及时向需用单位提供变形数据,以指导工程的安全施工和运营。

2.监测资料整编

监测资料整编就是在日常监测资料整理的基础上,定期对监测资料(监测竣工图,各种原始数据,有关文字、图表、影像、图片)进行分析、处理、编辑、刊印和生成标准格式的电子文档等。

对监测时段较短的工程,比如基坑变形监测、民用高层建筑监测等,在变形体稳定后监测工作即结束,这时就要对监测资料进行整编,作为主体工程竣工资料的一部分,除建设单位留存外,还要交城市建设档案部门归档保存。对监测期较长或需要终身监测的工程,如大坝监测,则需要按规定时段定期对监测资料进行整编和初步分析,汇编成册刊印,并生成标准格式的文档文件。除留档外,按管理制度要求报送有关部门。

二、收集并整理基本资料

1.工程基本资料

①为了使工程主体建筑物的概况和特征参数清晰明了,可以用表格形式说明,内容包括工程名称、建设单位、设计单位、监理单位、开工和竣工日期、工程坐落位置、工程性质、工程规模等。

②工程总体布置图和主要建筑物及其基础地质剖面图。

③工程施工、运营以来出现问题的部位、性质和发现的时间,处理情况及其效果,定期检查的结论、意见和建议。

④工程所处位置的工程地质和水文地质条件,设计提出的有关物理量设计计算值和经分析后确定的技术警戒值。

2. 监测设施和仪器设备基本资料

①监测方案设计原则、各监测项目设置目的、测点布置等情况说明。

②监测系统平面布置、纵(横)剖面图,应标明建筑物所有监测项目和监测点或监测设备的位置。纵、横剖面数量以能表明测点位置为原则。

③各种测点结构及埋设详图。

④各测点的安装埋设情况说明,并附上埋设日期、初始读数、基准值等数据。

⑤各种监测仪器型号、规格、主要附件、技术参数、生产厂家、仪器使用说明书、出厂合格证、年检合格证等资料。

各种基本资料均应适时、准确地进行记录。在初次整编时,应对各监测项目各测点的各项基本资料进行全面的收集、整理和审核。在以后各整编阶段,若监测设施和仪器设备有变化,则应重新填制或补充相应的图表、说明,并注明变更原因、内容、时间等有关情况。

某一监测项目有不同类型的仪器设备时,应分别填制相应的图表。

3. 变形监测各种测点基本资料

变形监测项目很多,每种项目中又会有不同性质的点,如基准点、工作基点、监测点。为了将每一类及每一个点都描述清楚,最好是列表说明。下面给出较常见的监测项目的测点基本资料表格。

①水平位移监测的基准点、工作基点和监测点的基本资料表格式,分别见表 9-1、表 9-2。

表 9-1　水平位移监测基准点、工作基点基本资料

测点编号	埋设位置			基础情况	埋设日期			始测日期			备注
	坐标 X(m)	坐标 Y(m)	高程 H(m)		年	月	日	年	月	日	
...											
埋设示意图及有关说明											
责任人	审查			校核		观测					
	埋设			填表		填表日期					

注:视准线校核基准点、工作基点埋设位置也可用桩号、坝轴距、高程表示,以能反映具体位置为准

表 9-2　水平位移监测点基本资料

监测方法：　　　　　　　　　　　　　　使用仪器型号：

测点编号	埋设位置			埋设日期			始测日期			始测读数(mm)		备注
	桩号(m)	坝轴距(m)	高程(m)	年	月	日	年	月	日	X	Y	
...												
埋设示意图及有关说明												
责任人	审查			校核				观测				
	埋设			填表				填表日期				

注：边坡上测点位置可用坐标和文字等叙述，以能反映具体位置为准

②垂直位移监测的基准点、工作基点和监测点的基本资料表格式，分别见表 9-3、表 9-4。

表 9-3　垂直位移监测基准点、工作基点基本资料

测点编号	埋设位置			基础情况	埋设日期			始测日期			备注
	坐标 X(m)	坐标 Y(m)	高程 H(m)		年	月	日	年	月	日	
...											
埋设示意图及有关说明											
责任人	审查			校核		观测					
	埋设			填表		填表日期					

表 9-4　垂直位移监测点基本资料

检测方法：　　　　　　　　　　　　　　使用仪器型号：

测点编号	埋设位置			埋设日期			始测日期			始测读数(mm)	备注
	桩号(m)	坝轴距(m)	高程(m)	年	月	日	年	月	日		
...											
埋设示意图及有关说明											
责任人	审查			校核			观测				
	埋设			填表			填表日期				

注：边坡上测点位置可用坐标和文字等叙述，以能反映具体位置为准

③测斜管基本资料表格式见表 9-5。

表 9-5　测斜仪导管(测斜管)基本资料

测斜孔编号			仪器型号		生产厂家	
孔深(m)			孔口高程(m)		孔底高程(m)	
埋设位置	桩号(m)		测斜管埋设区域材料或管周围填料			
	坝轴距(m)					
埋设方式			导槽方向		接管根数	
管材			内径(mm)		外径(mm)	
始测日期		年　月　日				
埋设示意图及有关说明		(包括钻孔地质描述或绘制钻孔柱状图)				
埋设期		自　　年　月　日至　　年　月　日				
责任人	审查		校核		观测	
	安装		填表		填表日期	

④正垂线和倒垂线、引张线、真空激光准直、视准线、液体静力水准仪、测缝计、位移计、土压力计、应变计等监测项目的基本资料表格参见《土石坝安全监测资料整编规程》(DL/T 5256—2010)中附录 A。

与监测有关的数据采集仪表和电缆的布设也应有相应的基本资料或说明资料。

三、整理变形监测记录、计算资料

变形监测阶段,对每一个监测项目每次都有记录、计算,同一种监测项目在不同的工程中其重要程度可能不同,记录的表格形式也可能不同,目前现行的规范对记录表格给出了明确的格式,比如《建筑基坑工程监测技术标准》(GB 50497—2019)、《土石坝安全监测资料整编规程》(DL/T 5256—2010)在附录中都给出了工程中涉及的监测项目的记录表格形式。其他工程同类监测项目可以参考其设计记录表格。

1. 监测记录

监测记录包括巡视检查和仪器监测资料的记录及监测物理量的计算。

(1)巡视检查

基坑监测中的巡视检查记录表格式参见表 9-6。

(2)水平位移监测

水平位移的监测方法很多,如准直线法、边角交会法、正倒垂线法等,采用不同的监测方法,其记录的表格形式也不同,表 9-7 列出了水平位移变形量的记录表格形式。

表 9-6 基坑巡视检查记录表

( )监测日报表
第 次
工程名称：　　　　　　　　　　　　　　　报表编号：

观测者：　　　　　　　　　　　　　　　　观测日期：　　年　月　日　时

分类	巡视检查内容	巡视检查结果	备注
自然条件	气温		
	雨量		
	风级		
	水位		
支护结构	支护结构成形质量		
	冠梁、支撑、围檩裂缝		
	支撑、立柱变形		
	止水帷幕开裂、渗漏		
	墙后土体沉陷、裂缝及滑移		
	基坑涌土、流沙、管涌		
施工情况	土质情况		
	基坑开挖分段长度及分层厚度		
	地表水、地下水状况		
	基坑降水、回灌设施运转情况		
	基坑周边地面堆载情况		
周边环境	地下管道破损、泄漏情况		
	周边建（构）筑物裂缝		
	周边道路（地面）裂缝、沉陷		
	邻近施工情况		
监测设施	基准点、测点完好状况		
	观测工作条件		
	监测元件完好情况		
观测部位			

项目负责人：　　　　　　　　　　　　　检测单位：

表 9-7 水平位移观测记录表

水平位移监测日报表
第 次
工程名称：
观测者： 计算者： 观测日期： 年 月 日

测点编号	基准值（mm）	上次观测值（mm）	本次观测值（mm）	单次变化（mm）	累计变化量（mm）	变化速率（mm/d）	备注

项目负责人： 监测单位：

备注：监测点位移变化向基坑内侧为"－"，向基坑外侧为"＋"。

（3）垂直位移监测

垂直位移监测就是沉降监测，实际工程中大多采用高等级水准测量，特殊工程中可能采用液体静力水准仪。水准测量的记录表格形式可参照表 9-8 设计。

表 9-8　精密水准测量记录表

天气状况：　　　温度：　　℃　　时间：　年　月　日　　观测者：　　　记录者：

测站编号	测点	后尺下丝 / 后尺上丝 / 后视距(m) / 视距差 d(m)	前尺下丝 / 前尺上丝 / 前视距(m) / 视距累差 $\sum d$(m)	方向及尺号	水准尺读数(m) 基本分划（黑面）	水准尺读数(m) 辅助分划（红面）	基本分划 $+k-$辅助分划（mm）	高差中数(m)	备注
				后					
				前					
				后－前					
				后					
				前					
				后－前					
				后					
				前					
				后－前					
				后					
				前					
				后－前					
				后					
				前					
				后－前					
				后					
				前					
				后－前					
计算检核	视距累差：$\sum d = \sum$ 后视距 $- \sum$ 前视距 $=$								
	总长度：$D = \sum$ 后视距 $+ \sum$ 前视距 $=$								
	总高差：$h = \sum$（后视黑面读数 $+$ 后视红面读数）$- \sum$（前视黑面读数 $+$ 前视红面读数）$=$								
	总高差：$h = \sum$（黑面高差 $+$ 红面高差）$=$								
	总高差：$h = \sum$（高差中数）$=$								

（4）倾斜位移监测

建筑物的倾斜监测一般是测定监测对象顶部相对于底部的水平位移与高差，分别记录并计算监测对象的倾斜度、倾斜方向和倾斜速率。根据不同的现场观测条件和要求，选用投点法、水平角法、前方交会法、正垂线法、差异沉降法等。这种倾斜监测是通过监测水平位移或高差，进而计算出倾斜量，所以其记录与计算参照水平位移监测或垂直位移监测的格式进行。

测斜管倾斜监测，是一种深层水平位移监测。一般基坑围护墙体或基坑周围土体的深层水平位移的监测是采用在墙体或土体中预埋测斜管，通过测斜仪观测各深度处水平位移的方法。测斜管倾斜监测的记录表格见表 9-7，每个测斜孔都需要一张这样的表格，它可以表示测斜孔在监测时不同深度的水平位移情况，并根据监测数据在表中绘制出每一次监测时不同深度的水平位移图。

（5）其他监测项目

根据建筑物种类的不同，可能还需要进行裂缝监测，孔隙水压力、土压力、地下水位监测。大坝的监测项目更多，如应力应变监测、渗流监测、扬压力监测等，每一种监测项目的每一次监测都要有相应的记录、计算表格。

以上监测项目，如果监测网为两级网，也就是有三类测点，即基准点、工作基点、监测点的情况，则要定期对基准点进行校核，并监测工作基点相对于基准点的位移情况。当工作基点确实存在位移时，就必须对以工作基点为基准所测定的监测点的位移值作进一步改正。将监测点的位移值换算到基准点下，这样才能得到该监测点的绝对位移量。

变形监测，除记录原始数据和计算外，还应有监测时外界环境概况的描述，以便在变形分析时作为参考。

将收集到的日常监测资料，以同一种监测项目为一个单元，按重要程度排序，在一个单元内各监测物理量按时序进行列表统计和校对。一般不宜删改，应标注记号，并加注说明。

2. 绘制相关变形图

提交的监测资料仅有报表还是不够的，对于重要的监测物理量，还需要绘制出其变形过程线，以及能表示各监测物理量在时间和空间上分布关系的分布特征图、与有关因素的相关关系图、能表示建筑物整体变形情况的等值线图等。在此基础上，对监测资料进行初步分析，阐述各监测物理量的变化规律以及其对工程安全的影响，提出运行和处理意见。

变形过程线图表示变形量随时间推移，在空间分布上的变化。非特殊情况下的变形过程线应是连续平滑的，但由于监测是不连续的，故按监测数据绘制的过程线为折线，实际绘制中需要将折线修匀为圆滑曲线。手工绘制，可以采用"三点法"来修匀；计算机绘制，则采用一定的算法进行光滑处理。

图 9-1 所示为某建筑物时间-荷载-沉降量曲线图，横坐标表示时间，纵坐标向上表示荷载（楼层数），纵坐标向下表示监测点的沉降量（mm）。图中横轴以下绘出了一条变形过程线，表示各监测点平均沉降量，当然也可以将每一个监测点的沉降量绘制一条线，用不同的颜色或不同线型表示。

图 9-2 所示为坝体浇筑时间-坝体浇筑高度-沉降量过程线，线 1 表示坝体高度随时间的变化线，线 2 表示坝体内某监测点垂直位移量随时间变化的过程，即时间-沉降量（mm）过程线。

图 9-3 所示为某一高层建筑基坑四周地下钢筋混凝土连续墙上一个测斜管的时间-水平位移变化过程线。横轴表示水平位移，纵轴表示时间，四种不同的线型分别代表不同深度处随着时间的推移，水平位移逐渐增加的情况。

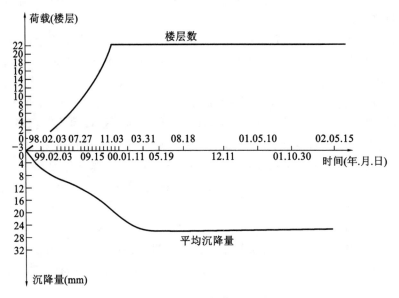

图 9-1　某建筑物时间-荷载-沉降量过程线

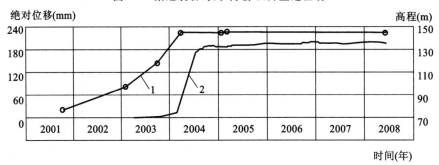

图 9-2　坝体内部某点浇筑时间-坝高-沉降量过程线

1—坝体填筑高程；2—V3 测点

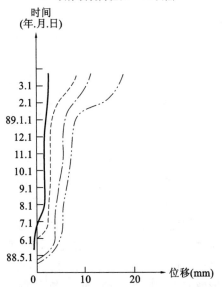

图 9-3　基坑连续墙中某一根测斜管时间-水平位移变化过程线

变形值剖面分布图是根据某一剖面上各观测点的变形值绘制而成的。图 9-4 所示为坝体表面垂直位移分布图,图 9-5 所示为基坑回弹纵、横断面分布图。

为了解整个建筑物的沉陷情况,常绘制沉降等值线图。图 9-6 所示为某土坝的沉降等值线图,图 9-7 所示为某建筑物的沉降等值线图。

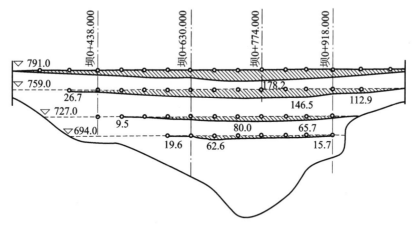

图 9-4 某坝体表面垂直位移分布图(单位:mm)

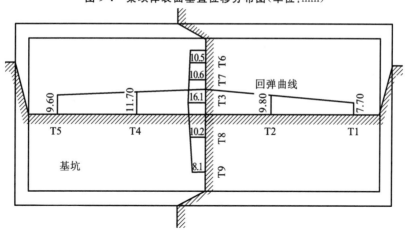

图 9-5 基坑回弹纵、横断面分布图(单位:mm)

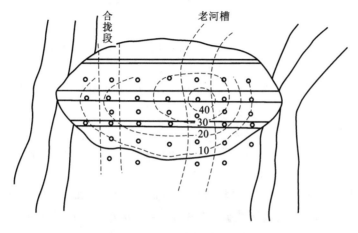

图 9-6 某土坝沉降等值线图(单位:cm)

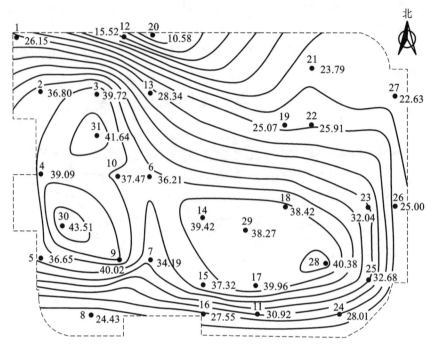

图 9-7　某建筑物沉降等值线图（单位：mm）

四、监测成果分析（略）

五、汇总编排资料

整编资料主要内容和编排顺序一般为：

封面（包括工程名称、整编时段、编号、整编单位、刊印日期等）

• 目录

• 整编说明

• 基本资料：包括工程基本资料、监测设施和仪器设备基本资料等。

• 监测项目汇总表：包括监测部位、监测项目、监测方法、监测周期、测点数量、仪器设备型号等。

• 监测资料初步分析成果（主要是综述本时段内各监测资料分析的结果，包括分析内容和方法、结论、建议）。

• 监测资料整编图表（含巡视检查成果表，各测值的统计表和曲线、变形过程线等）。

• 封底

注意：整编资料的内容、项目、测次等要齐全，各类图表的内容、规格、符号、单位，以及标注方式和编排顺序应符合规定要求；监测部位、测点及坐标系等应一致；各监测物理量的计（换）算和统计要正确，有关图件应准确、清晰。

对于某些短期的监测工程，监测资料的整编要简单一些，比如，《建筑基坑工程监测技术标准》（GB 50497—2019）要求，对监测数据进行处理后形成的监测资料成果为：日报表、阶段性监测报告以及结束时的监测总结报告，三种资料的内容分别为：

（1）监测日报表

①当日的天气情况和施工现场的工况；

②巡视检查的记录；

③仪器监测项目各监测点的本次测试值、单次变化值、变化速率以及累计值等，必要时绘制有关曲线图；

④对监测项目应有正常或异常的判断性结论；

⑤对达到或超过监测报警值的监测点应有报警标示，并有原因分析及建议；

⑥对巡视检查发现的异常情况应有详细描述，危险情况应有报警标示，并有原因分析及建议；

⑦其他相关说明。

（2）阶段性监测报告

①该监测期相应的工程、气象及周边环境概况；

②该监测期的监测项目及测点的布置图；

③各项监测数据的整理、统计及监测成果的过程曲线；

④各监测项目监测值的变化分析、评价及发展预测；

⑤相关的设计和施工建议。

（3）监测总结报告

①工程概况；

②监测依据；

③监测项目；

④测点布置；

⑤监测设备和监测方法；

⑥监测频率；

⑦监测报警值；

⑧各监测项目全过程的发展变化分析及整体评述；

⑨监测工作结论与建议。

其他需要进行短期变形监测的工程项目，监测资料可参照上述内容按要求进行整理。

任务 2　监测数据检核的意义和方法

【任务介绍】

　　一般情况下，工程变形量都较小，但监测数据又受很多因素的影响，为保证监测数据的正确性及精度，本任务主要介绍在变形监测数据处理之前，对监测数据进行检核、剔除粗差的意义以及监测数据检核的方法。

【学习目标】

　　①了解监测数据检核的意义。

　　②掌握监测数据检核的方法。

工程变形监测过程中,由于受监测条件的影响,使得变形监测数据不可避免地存在或大或小的误差,由于这些误差产生的原因不同,因此其性质也不同。一般将监测误差分为三类,即系统误差、偶然误差和粗差。由于变形监测中,变形量本身较小,与测量误差的大小相近,为了区分变形与误差,得到变形量和变形特征,就必须提高测量精度,减小观测误差。因此,在观测过程中,需要采用精密测量仪器及一定措施减弱或消除系统误差;在变形监测中采用"四固定"原则,即监测仪器固定、监测人员固定、监测路线固定、监测时段固定,来消除或减弱偶然误差对变形量的影响。

粗差是观测中的错误所引起的,例如水准测量中读错数,采用经纬仪观测角值时,瞄错目标,还有在观测中的误差超限,这都是不允许的,对这类误差必须予以剔除。所以,在对观测数据进行处理之前要进行检核。

1. 监测数据检核的意义

因变形观测中真正的变形量本身很小,接近于测量误差的边缘。为了区分变形与误差,提取变形特征,必须设法从观测值中消除较大误差(超限误差),以保证测量的高精度,从而尽可能减小观测误差对变形分析的影响。

2. 监测数据检核的方法

(1)外业检核

每一种变形监测都有其精度要求,也对应着某一等级的外业观测。而每一等级外业观测都有相应的技术要求,对任何一个观测元素(如高差、方向值、偏离值、倾斜值等),在野外观测中均有相应的观测检核方法。这项检核可参考相关作业规范在观测过程中进行检核,一旦发现超限,立即返工重测。

(2)内业检核

①原始记录计算检核。对外业观测数据进行逐页计算,利用记录表格中的某些对应关系进行计算检核(如:水准测量中 $\sum a - \sum b = \sum h$),通过每一页的计算检核,检查观测记录、计算是否有误;检查每一次变形值以及累计变形值的计算是否有误;对变形结果采用不同方法验算,或者通过多人独立重复计算来消除监测资料中可能出现的错误。

②原始实测值的逻辑分析。根据监测点的物理意义分析原始实测值的可靠性,逻辑分析一般包括:

a. 一致性分析:主要是从时间上分析变形的趋势是否一致,以及本次变形与变形因素的关系与以前是否一致。如:建筑物在施工过程中某点的沉降监测,从逻辑上来说,计算出的该点的高程值应该逐次变小或保持不变,如果出现某次高程值变大,也就是该点没下沉反而升高,如图9-8中第5周监测时该点高程比第4周监测时还高,这就要认真检查计算是否出现错误。如果记录、计算确实没错,则分析产生这种状况的原因,必要时到现场查看观测点位是否有碰动现象,决定是否保留该次观测数据。

b. 相关性分析:主要从空间上分析有物理

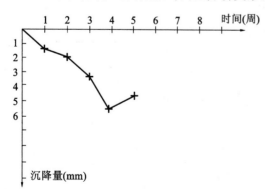

图9-8 建筑物某监测点沉降过程线

联系的变形值之间的相关性。如某大坝的第 10 坝段坝顶水平位移过程线,如图 9-9 所示,表示坝顶水平位移随时间的变化。在图中可以看出从 2 月份开始,大坝顶部向水库上游产生位移,到 3 月份位移已超过 2mm,然后逐渐恢复,从 4 月份开始又向上游产生位移,到 5 月份位移量为 1mm,然后向下游产生位移,到 6 月底位移量达 2mm,从 7 月份开始又向上游产生位移等。这一变化过程与水库中水位、水库水温及大气气温紧密相关,所以在监测位移变化时,应同时监测相关物理量,根据相关物理量的变化来分析变形值与相关物理量之间的联系。

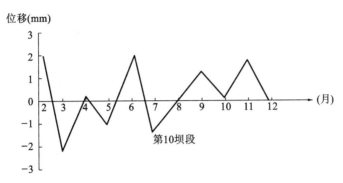

图 9-9　某坝段坝顶水平位移过程线

③原始资料的统计分析。找出观测中较大的误差(超限误差),即对观测数据进行粗差剔除。监测自动化系统中观测数据序列的奇异值检验,是通过某种统计计算来检验的,也可在网上下载相关的检验小程序进行检验。

任务 3　监测数据分析及监测成果验收

【任务介绍】
　　变形监测数据分析是分析变形的原因、变形值与引起变形的因素之间的关系,从而找到工程变形的原因和规律;另外,变形监测作为测绘项目,需要对测绘成果进行验收。本任务主要介绍变形监测数据分析的内容和方法,变形监测成果检查验收的依据、验收的内容以及对存在的质量问题的处理。
【学习目标】
　　①掌握监测数据分析的内容及分析方法。
　　②掌握监测成果检查验收的依据和内容。
　　③掌握监测数据平差及取位要求,数值修约及计算规则。

一、监测数据分析

　　工程变形监测资料在整理的基础上需要对其进行分析,监测资料的分析是归纳建筑物变形过程、变形规律、变形幅度,分析变形的原因、变形值与引起变形因素之间的关系,找出它们之间的函数关系,进而判断建筑物的工作情况是否正常。在积累了大量观测数据后,又可以进一步找出建筑物变形的内在原因和规律,从而修正设计的理论以及所采用的经验系数。

1. 监测分析的内容

(1)基准点的稳定性分析

①当基准点单独构网时,每次基准网复测后,应根据本次复测数据与上次数据之间的差值,通过组合比较的方式对基准点的稳定性进行分析判断。

②当基准点与观测点共同构网时,每期变形观测后,应根据本期基准点观测数据与上期观测数据之间的差值,通过组合比较的方式对基准点的稳定性进行分析判断。

③当基准点可能不稳定或可能发生变动,使用①②不能判定时,可以通过统计检验的方法对其稳定性进行检验,并找出变动的基准点。

④在变形观测过程中,当某期观测点变形量出现异常变化时,应分析原因,在排除观测本身错误的前提下,及时对基准点的稳定性进行检测分析。

(2)监测点的变动分析

①监测点的变动分析应基于以稳定的基准点作为起始点而进行的平差计算成果。

②对于二、三级及部分一级变形测量,相邻两周期监测点的变动分析可通过比较监测点相邻两期的变形量与最大测量误差(取两倍中误差)来进行。当变形量小于最大误差时,可认为该监测点在这两个周期间没有变动或变动不显著。

③对于特级及有特殊要求的一级变形测量,当监测点两周期间的变形量 Δ 符合公式(9-1)时,可认为该监测点在这两个周期间没有变动或变动不显著。

$$\Delta < 2\mu\sqrt{Q} \tag{9-1}$$

式中　μ——单位权中误差,可取两个周期平差单位权中误差的平均值;

　　　Q——监测点变形量的协因数。

④对于多期变形观测成果,当相邻周期变形量小,但多期呈现出明显的变化趋势时,应视为有变动。

(3)变形成因分析

监测分析人员应具有岩土工程与结构工程的综合知识,具有设计、施工、测量等工程实践经验,具有较高的综合分析能力,做到正确判断、准确表达,能及时提供高质量的综合分析报告。

成因分析是对结构本身(内因)与作用在结构物上的荷载(外因)以及观测本身加以分析、考虑,确定变形值变化的原因和规律性。如基础不均匀沉降,地基不均匀沉降造成建筑物产生裂缝或倾斜,影响基础变形的原因主要有地下水位变化、地基的不均匀性、上部结构的荷载差异、建筑物体形以及邻近建筑物周围开挖基坑对其造成的影响等。

2. 资料分析的常用方法

(1)作图分析。将观测资料绘制成各种曲线,常用的是将观测资料按时间顺序绘制成过程线,也可以绘制不同观测物理量的相关曲线,研究其相互关系。这种方法简便、直观,特别适用于初步分析阶段。

(2)统计分析。用数理统计方法分析计算各种观测物理量的变化规律和变化特征,分析观测物理量的周期性、相关性和发展趋势。这种方法具有定量的概念,使分析成果更具实用性。

(3)对比分析。将各种观测物理量的实测值与设计计算值或模型试验值进行比较,相互验证,寻找异常原因,探讨改进设计、施工方法和运营的途径。

(4)建模分析。采用系统识别方法处理观测资料,建立数学模型,用以分离影响因素,研究观测物理量变化规律,预测未来变形值的范围和判断建筑物的安全程度,实现安全控制。

二、监测成果验收

《测绘成果质量检查与验收》(GB/T 24356—2009)规定,对测绘成果实行二级检查、一级验收,从而进行质量控制,测绘单位必须对测绘成果质量进行过程检查和最终检查。过程检查采用全数检查;最终检查一般采用全数检查,涉及野外检查项的可采用抽样检查,样本量按规定执行,样本以外的应实施内业全数检查。

1.检查验收的依据

有关的法律法规,有关国家标准、行业标准,变形监测技术设计书、任务书、合同书,测量单位质量管理文件等。

2.检查验收的内容

质量检查验收应对监测项目实施情况进行准确、全面的评价,包括下列主要方面:

(1)执行技术设计书或施测方案及技术标准、政策法规情况;

(2)使用仪器设备及其检定情况;

(3)记录和计算所用软件系统情况;

(4)基准点和变形观测点的布设及标石、标志情况;

(5)实际观测情况,包括观测周期、观测方法和操作程序的正确性等;

(6)基准点稳定性检测与分析情况;

(7)观测限差和精度统计情况;

(8)记录的完整准确性及记录项目的齐全性;

(9)观测数据的各项改正情况;

(10)计算过程的正确性、资料整理的完整性、精度统计和质量评定的合理性;

(11)变形测量成果分析的合理性;

(12)提交成果的正确性、可靠性、完整性及数据的符合性情况;

(13)技术报告书内容的完整性、统计数据的准确性、结论的可靠性及体例的规范性;

(14)成果签署的完整性和符合性情况等。

3.记录和报告

检查验收记录包括质量问题及其处理记录等,记录填写应及时、完整、清晰,检验人员和校核人员签名后的记录禁止更改、增删。

最终检查完成后应编写检查报告,验收工作完成后,应编写验收报告。检查报告与验收报告随测绘成果一并归档。

4.质量问题处理

验收中若发现有不符合技术标准或其他规定的成果时,应及时提出处理意见,返回作业部门进行纠正。纠正后的成果应重新进行检查验收。在检查过程中,当对质量问题的判断存在分歧时,由测绘总工程师裁定。

三、监测数据的平差及取位要求

每一期建筑变形监测结束后,应立即对监测数据进行平差计算和处理,并计算各种变形量。变形监测数据的平差计算,应符合下列规定:

(1)应利用稳定的基准点作为起算点;

（2）应使用严谨的平差方法和可靠的软件系统；

（3）应确保平差计算所用的观测数据、起算数据准确无误；

（4）应剔除含有粗差的观测数据；

（5）对于特级、一级变形测量平差计算，应对可能含有系统误差的观测值进行系统误差改正；

（6）对于特级、一级变形测量平差计算，当涉及边长、方向等不同类型观测值时，应使用验后方差估计方法确定这些观测值的权；

（7）平差计算除给出变形参数值外，还应评定这些变形参数的精度。

按照《建筑变形测量规范》（JGJ 8—2016）规定，建筑变形测量平差计算和分析中的数据取位应符合表 9-9 的规定。

表 9-9　变形测量平差计算和分析中的数据取位要求

级别	高差（mm）	角度（″）	边长（mm）	坐标（mm）	高程（mm）	沉降值（mm）	位移值（mm）
特级	0.01	0.01	0.01	0.01	0.01	0.01	0.01
一级	0.01	0.01	0.1	0.1	0.01	0.01	0.1
二、三级	0.1	0.1	0.1	0.1	0.1	0.1	0.1

四、监测数据的数值修约及计算规则

1. 数值修约

在根据变形观测值计算变形值及平差过程中，根据数据取位要求，往往涉及数值修约。监测数据在计算中根据规范中的数据取位要求，难免会遇到舍入问题，监测数据处理中的数值修约按国家标准《数字修约规则与极限数值的表示和判定》（GB/T 8170—2008）的规定进行。

4 舍 6 入 5 看右，5 后有数进上去，尾数为 0 向左看，左数奇进偶舍弃。

如保留三位小数时：

1.133499999…9　　　1.133

1.233610102…4　　　1.234

1.23350000…0　　　1.234

1.23250000…0　　　1.232

1.23250000…1　　　1.233

2. 计算规则

在根据正确记录的原始数据进行数据处理时，有效数字的处理方法需按以下原则进行：

（1）加减运算时，得数经修约后，小数点后有效数字的位数应和参加运算的数中小数点后面有效数字位数最少者相同；

（2）乘除运算时，得数经修约后，其有效数字位数应和参加运算的数中有效数字位数最少者相同；

（3）对数计算时，对数的有效数字是由其小数点后的位数确定的［所取对数的小数点后的位数（不包括首数）应与真数的有效数字位数相同］；

（4）进行平方、立方或开方运算时，计算结果有效数字的位数和原数相同；

（5）计算中，常数 π、e 和 1/3 等有效数字的位数是无限的，根据需要取有效数字的位数；

(6)来自一个正态总体的一组数据(多于 4 个),其平均值的有效数字位数可比原数增加一位;

(7)表示分析结果精密度的数据一般只取一位有效数字,只有当测定次数很多时才能取两位,且最多只能取两位;

(8)分析结果中有效数字所能达到的位数,不能超过方法检出限的有效数字所能达到的位数;

(9)在实际加减乘除等运算中,可先将各近似值修约到比有效数字位数最少者多保留一位有效数字,再将计算结果按上述规则处理;

(10)在一系列操作中,使用多种计量仪器时,有效数字以最少的一种计量仪器的位数表示。

思考与练习题

1.什么是变形监测资料整理? 什么是变形监测资料整编?

2.对外业原始监测数据应检查、检验哪些内容?

3.什么是变形过程线图? 资料整编中一般需要绘制哪些过程线图?

4.变形监测数据检核的方法有哪些?

5.简述变形分析的内容及常用方法。

6.简述监测成果检查验收的依据及其内容。

项目十　GPS 在变形监测中的应用

【项目概述】

GPS 全球定位系统作为一种全新的现代空间定位技术,逐渐取代了常规的光学和电子测量仪器。由于 GPS 测量技术具有测站间无须通视,可同时提供监测点的三维位移信息,全天候监测,监测精度可达到 1×10^{-6} 甚至更高的相对定位精度,操作简便,易于实现监测自动化,具有良好的抗干扰性和保密性等特点,使得 GPS 技术在变形监测方面得到广泛应用。本项目首先介绍了 GPS 测量技术的特点、组成部分及其定位原理;然后针对 GPS 技术应用于变形监测,介绍了 GPS 控制网的布设原则、网形设计、点位埋设要求、测量的基准选择以及观测数据处理;最后以实例说明了 GPS 动态监测技术在实际工程中的应用以及存在的优、缺点。

任务 1　GPS 测量技术概述

【任务介绍】

用 GPS 测量技术进行工程变形监测已经成为大型工程几何形变监测的主要手段,其优点是其他常规测量手段不可比拟的。作为测量技术人员,必须掌握相关基本知识。本任务主要介绍 GPS 的发展、GPS 系统的特点、GPS 的组成、GPS 的定位原理及定位方法等内容。

【学习目标】

①了解全球定位系统的发展、系统特点及其组成。

②掌握全球定位系统的定位原理与定位方法。

广义上的 GPS(Global Positioning System,简称 GPS)包括美国 GPS、欧洲伽利略(Galileo)、俄罗斯 GLONASS、中国北斗等,狭义的 GPS 指美国的全球定位系统。伴随着众多卫星定位导航系统的兴起,全球卫星定位导航系统有了一个全新的称呼:GNSS。本节主要介绍美国的全球定位系统 GPS。

GPS 全球定位系统是美国国防部(U. S. Department of Defense)为满足军事部门对海上、陆地和空中设施进行高精度导航和定位的要求而建立的。该系统始建于 1973 年,经过方案论证、工程研制和生产作业等三个阶段,历经二十余年,耗资三百多亿美元于 1994 年全部建成。

一、GPS 系统特点

GPS 作为继子午卫星定位系统之后发展起来的新一代卫星导航与定位系统,具有全球性、全天候、连续性等三维导航和定位功能,以及具有良好的抗干扰性和保密性。它已成为美国导航技术现代化的最重要标志,并被视为 20 世纪美国继阿波罗登月计划和航天飞行计划之后的又一重大科技成就。在测量领域较早就开始采用 GPS 技术,最初,它主要用于建立各种类型和等级的测量控制网,目前它除了大量用于这些方面外,在测量领域的其他方面也得到了充分的应用,如:用于各种类型的施工放样、测图、变形观测、航空摄影测量、海测和地理信息系统中地理数据的采集等。尤其在各种类型的测量控制网的建立这一方面,GPS 定位技术已基本上取代了常规测量手段,成为主要的技术手段。

二、GPS 系统的组成

GPS 定位系统由三部分构成,即空间卫星部分、地面控制部分和用户设备部分。

1. 空间卫星部分

GPS 的空间卫星部分是由 24 颗工作卫星组成的,它位于距地表 20200km 的上空,均匀分布在 6 个轨道面上(每个轨道面 4 颗),轨道面相对地球赤道面的倾角为 55°,如图 10-1 所示。此外,还有 4 颗有源备份卫星在轨运行。GPS 卫星在空间上的这种分布,保障了地球上任意地点、任意时刻均至少可以观测到 4 颗卫星,从而保证了全天候绝对定位的可行性。

2. 地面控制部分

GPS 的地面控制部分由 1 个主控站、3 个注入站和 5 个监测站组成。主控站的作用是根据各监控站对 GPS 的

图 10-1　GPS 空间卫星及轨道示意图

观测数据,计算出卫星的星历和卫星钟的改正参数等,并将这些数据通过注入站注入卫星中去;同时,它还能对卫星进行控制,向卫星发布指令,当工作卫星出现故障时,调度备用卫星替代失效的工作卫星工作。注入站将主控站计算出的卫星星历和卫星钟的改正数等注入卫星中去,这种注入对每颗 GPS 卫星每天进行 1 次,并在卫星离开注入站作用范围之前进行最后的注入。如果某地面站发生故障,那么在卫星中预存的导航信息还可用一段时间,但导航精度会逐渐降低。每个监测站均配装有精密的铯钟和能够连续监测到所有可见卫星的接收机。监测站将取得的卫星观测数据,包括电离层和气象数据,经过初步处理后传送到主控站。

3. 用户设备部分

用户设备部分即 GPS 信号接收机,其主要功能是能够捕获到按一定卫星截止高度角所选择的待测卫星,并跟踪这些卫星的运行。当接收机捕获到跟踪的卫星信号后,即可测量出接收天线至卫星的伪距离和距离的变化率,解调出卫星轨道参数等数据。根据这些数据,接收机中的微处理器就可按定位解算方法进行定位计算,计算出用户所在地理位置的经纬度、高度、速度、时间等信息。接收机硬件和机内软件以及 GPS 数据的后处理软件组成完整的 GPS 用户设备。GPS 接收机的结构分为天线单元和接收单元两部分。接收机一般采用机内和机外两种直流电源,设置机内电源的目的在于更换外电源时不中断连续观测。在用机外电源时机内电池自动充电。关机后,机内电池为 RAM 存储器供电,以防止数据丢失。

三、GPS 定位原理

GPS 系统的基本原理是测量出已知位置的卫星到用户接收机之间的距离,然后综合多颗卫星的数据就可知道用户接收机的具体位置。卫星的位置可以根据星载时钟所记录的时间在卫星星历中查出。而用户到卫星的距离则通过记录卫星信号传播到用户所经历的时间,再将其乘以光速得到。由于大气电离层的干扰,这一距离并不是用户与卫星之间的真实距离,而是伪距(PR)。当 GPS 卫星正常工作时,会不断地用二进制码元 1 和 0 组成的伪随机码(简称伪码)发射导航电文。GPS 系统使用的伪码一共有两种,分别是民用的 C/A 码和军用的 P(Y)码。C/A 码频率 1.023MHz,重复周期 1ms,码间距 $1\mu s$,相当于 300m;P 码频率 10.23MHz,重复周期 266.4d,码间距 $0.1\mu s$,相当于 30m。而 Y 码是在 P 码的基础上形成的,其保密性能更佳。导航电文包括卫星星历、工作状况、卫星时钟改正、电离层时延修正、大气折射修正等信息。GPS 卫星发送的导航电文是每秒 50 位的连续的数据流。导航电文每个主帧中包含 5 个子帧,每帧长 6s。前三帧各 10 个字码,每 30s 重复一次,每小时更新一次;后两帧共 15000b。导航电文中的内容主要有遥测码、转换码以及第 1、2、3 数据块,其中最重要的则为星历数据。当用户接收到导航电文时,提取出卫星时间并将其与自己的时钟作对比,便可得知卫星与用户的距离,再利用导航电文中的卫星星历数据推算出卫星发射电文时所处的位置,便可得知用户在 WGS-84 大地坐标系中的位置、速度等信息。

　　GPS 定位原理是一种空间的距离交会原理。设想在地面待定位置上安置 GPS 接收机,同一时刻接收 4 颗及以上 GPS 卫星发射的信号。通过一定的方法测定这 4 颗及以上卫星在此瞬间的位置以及它们分别至该接收机的距离,据此利用距离交会法解算出测站 P 的位置及接收机钟差 δ_t。

　　如图 10-2 所示,设时刻 t_i 在测站点 P 用 GPS 接收机同时测得 P 点至四颗 GPS 卫星 S_1、S_2、S_3、S_4 的距离 ρ_1、ρ_2、ρ_3、ρ_4,通过 GPS 电文解译出四颗 GPS 卫星的三维坐标 (X^j,Y^j,Z^j),$j=1,2,3,4$,用距离交会法求解 P 点的三维坐标 (X,Y,Z),其观测方程为:

$$\left.\begin{aligned}
\rho_1^2 &= (X-X_1)^2 + (Y-Y_1)^2 + (Z-Z_1)^2 + c\delta_t \\
\rho_2^2 &= (X-X_2)^2 + (Y-Y_2)^2 + (Z-Z_2)^2 + c\delta_t \\
\rho_3^2 &= (X-X_3)^2 + (Y-Y_3)^2 + (Z-Z_3)^2 + c\delta_t \\
\rho_4^2 &= (X-X_4)^2 + (Y-Y_4)^2 + (Z-Z_4)^2 + c\delta_t
\end{aligned}\right\} \tag{10-1}$$

式中　　c——光速;

　　　　δ_t——接收机钟差。

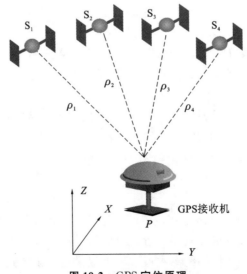

图 10-2　GPS 定位原理

由此可见,GPS定位中,要解决两个问题:一是观测瞬间GPS卫星的位置。GPS卫星发射的导航电文中含有GPS卫星星历,可以实时确定GPS卫星的位置信息。二是观测瞬间测站点至GPS卫星之间的距离。测站点至GPS卫星之间的距离是通过测定GPS卫星信号在卫星和测站点之间的传播时间来确定的。

按定位方式,GPS定位分为单点定位和相对定位(差分定位)。单点定位就是根据一台接收机的观测数据来确定接收机位置的方式,它只能采用伪距观测量,可用于车、船等的概略导航定位。相对定位(差分定位)是根据两台及以上接收机的观测数据来确定观测点之间的相对位置的方法,它既可采用伪距观测量也可采用相位观测量。大地测量或工程测量均应采用相位观测值进行相对定位。

GPS观测量中包含了卫星和接收机的钟差、大气传播延迟、多路径效应等误差,在定位计算时还会受到卫星广播星历误差的影响,而在进行相对定位时大部分公共误差被抵消或削弱。因此,定位精度将大大提高,双频接收机可以根据两个频率的观测量抵消大气中电离层误差的主要部分。在精度要求高、接收机间距离较远时,大气有明显差别,应选用双频接收机。

四、GPS定位方法

利用GPS进行定位的方法有很多种。若按照参考点的位置不同,则定位方法可分为:

(1)绝对定位(Absolute Positioning)。即在协议地球坐标系中,利用一台接收机通过观测4颗及以上卫星的观测数据来测定该点相对于协议地球质心的位置(认为参考点与协议地球质心相重合),也叫单点定位(Point Positioning)。GPS定位所采用的协议地球坐标系为WGS-84坐标系,因此,绝对定位的坐标最初成果为WGS-84坐标。

(2)相对定位(Relative Positioning)。即在协议地球坐标系中,利用2台及以上的接收机测定观测点至某一地面参考点(已知点)之间的相对位置,也就是测定地面参考点到未知点的坐标增量。由于星历误差和大气折射误差有相关性,所以通过观测量求差可消除这些误差,因此,相对定位的精度远高于绝对定位的精度。

若按用户接收机在作业中的运动状态不同,则定位方法可分为:

(1)静态定位(Static Positioning)。即在定位过程中,将接收机安置在测站点上并固定不动。严格说来,这种静止状态只是相对的,通常指接收机相对于其周围点位没有发生变化。

(2)动态定位(Dynamic Positioning)。即在定位过程中,接收机处于运动状态。

GPS绝对定位和相对定位中,又都包含静态和动态两种方式。即动态绝对定位、静态绝对定位、动态相对定位和静态相对定位。

若依照测距的原理不同,又可分为测码伪距法定位、测相伪距法定位、差分定位等。

五、GPS定位精度的影响因素

GPS定位精度受到所用的观测量类型、定位的方式、卫星的几何分布、数据处理方法、美国政府政策的限制等诸多因素的影响。主要误差来源包括:与GPS卫星有关的误差、与信号传播有关的误差、与接收设备有关的误差,还有地球自转的影响和地球潮汐改正、卫星钟和接收机钟振荡器的随机误差、大气折射模型和卫星轨道摄动模型的误差等。

任务 2　GPS 技术变形监测

【任务介绍】

　　本任务在介绍应用 GPS 测量技术进行工程变形监测的优点的基础上,依据规范,进一步介绍 GPS 变形监测的作业模式、控制网的布设与施测、数据处理以及高程拟合等内容。

【学习目标】

　　①了解应用 GPS 进行变形监测的优点。
　　②掌握 GPS 监测控制网布设与施测以及数据处理等方法。

利用 GPS 测量技术进行变形监测,与传统方法相比较,不仅具有精度高、速度快、操作简便、抗干扰性和保密性强等特点,而且可与计算机技术、数据通信技术及数据处理与分析技术进行集成,实现全自动化、实时监测的目的。

一、应用 GPS 技术进行变形监测的优点

(1)测站间无须通视。由于 GPS 定位时测站间无须保持通视,从而可使变形监测网的布设更为自由、方便,并可省去不少中间传递过渡点,节省大量费用。

(2)同时测定点的三维位移。采用传统方法进行变形监测时,平面位移通常是采用正垂线、倒垂线、边角导线、方向交会、距离交会和全站仪坐标法等方法来测定的,而垂直位移则一般采用精密水准测量、液体静力水准测量、测斜仪等方法来测定。水平位移和垂直位移分别测定不仅增加了工作量,而且监测的时间和点位也不一定一致,从而增加了变形分析的难度。

(3)全天候观测。GPS 测量不受气候条件的限制,在风、雪、雨、雾中仍能进行正常观测。配备防雷电设施后,变形监测系统就能实现全天候观测。这一点对于防汛抗洪、滑坡、泥石流等地质灾害监测等应用领域来讲显得特别重要。

(4)易于实现监测的自动化。由于 GPS 接收机的数据采集工作是自动进行的,而且又为用户预留了必要的接口,故用户可以较为方便地把 GPS 变形监测系统建成无人值守的自动监测系统,实现从数据采集、传输、处理、分析、报警到入库的全自动化。有必要时,用户可以很方便地从控制中心的办公室中查看每台 GPS 接收机的板面信息,也可以在办公室中发布命令来更改数据采样率、时段长度和截止高度角等设置。这对于长期连续运行的监测系统是很重要的,可降低监测成本,提高监测资料的可靠性。

(5)可消除或削弱系统误差的影响。在变形监测中,通常关心的是在两周期变形监测中所求得的变形监测点的坐标之间的差异,而不是变形监测点本身的坐标。两周期变形监测中所含的共同的系统误差虽然会分别影响两周期的坐标值,但却不会影响所求得的变形量。也就是说,在变形监测中,接收机天线的对中误差、整平误差、定向误差、量取天线高的误差等并不会影响变形监测的结果,只要天线在监测过程中能保持固定不动即可。同样,GPS 变形监测网中的起始坐标的误差,数据处理中所用的定位软件本身的不完善,以及卫星信号在大气层中的传播误差(电离层延迟、对流层延迟、多路径误差等)中的公共部分的影响也可得以消除或削弱。

（6）可直接用大地高进行沉降监测。在 GPS 测量中高程系统一直是一个棘手的问题。因为 GPS 定位只能测定大地高，而在工程测量、地形测量及日常生活中，大部分用户需要的是正常高或正高，在大地高转换为正常高过程中，会降低测量精度。而在沉降监测中通常关心的只是高程的变化，因而完全可以在大地高系统中直接进行监测。

二、GPS 变形监测的作业模式

GPS 用于变形监测的作业方式可划分为周期性模式、连续性模式以及实时动态监测模式。

1. 周期性模式

周期性变形监测与传统的变形监测没有多大区别，因为有的变形体的变形极为缓慢，在局部时间域内可以认为是稳定的，其监测频率有的是几个月，有的甚至长达几年，此时，采用 GPS 静态相对定位法进行测量，数据采用后处理方式。目前，GPS 静态相对定位数据处理技术已基本成熟。

2. 连续性模式

连续性模式是固定 GPS 监测仪器进行长时间的数据采集，获得变形数据系列，其监测数据是长期连续的，而且具有很高的时间分辨率，然后利用数据分析软件对所测数据进行分析和预测。GPS 连续性监测模式，根据监测目的、变形体的性质和精度要求的不同，可采用静态相对定位和动态相对定位两种模式进行观测。不管采用哪种模式，都要求能满足相应变形实时性的要求。连续性监测模式具有连续性和较高时间分辨率的特性，能保证对变形的实时监控，易于捕捉变形信息，不需要太多的人工干预，但成本耗资太大，通常适用于自动化要求高、数据采集周期短的监测项目。

3. 实时动态监测模式

这种模式是以载波相位为基础的实时差分定位技术，对两个测站的载波观测值进行建筑物动态变形的实时监测，如大桥在荷载作用下的快速变形，该项测量工作的特点是采样密度高，可每秒钟采样一次，而且还要计算每个历元的准确位置。目前数据处理主要采用 OTF 处理方式，观测开始后有几分钟的初始化时间，然后计算每一观测历元接收机的准确位置，从而分析得出监测对象的变形特征。GPS-RTK 最快可以 5～20Hz 频率输出定位结果，定位精度平面为 ±10mm、高程为 ±20mm，采用 RTK 技术使实时监测成为了现实，大大提高了工作效率。比如，大坝在超水位蓄洪时就必须时刻监视其变形状况，要求监测系统具有实时的数据传输和数据处理与分析能力。当然，有的监测对象虽然要求较高的时间采样率，但是数据解算和分析可以是事后进行的。比如，桥梁的静荷载、动荷载试验和高层建筑物的振动测量，其监测的目的在于获取变形信息，数据处理与分析可以是事后进行的。对于建在活动的滑坡体上的建筑，需要实时了解其变化状态，以便及时采取措施，保证人民的生命财产安全，可采用全天候实时监测方法，即建立 GPS 自动化监测系统。系统的精度可按要求设定，目前最高监测精度可达到亚毫米级。系统的响应速度快，从控制中心敲击键盘开始，几分钟内就可以了解到监测点位置的实时变化情况。

在动态监测方面，过去一般采用加速度计、激光干涉仪等测量设备测定建筑结构的振动特性，但是，随着建筑物高度的增加，以及对监测工作的连续性、实时性和自动化程度的要求的提高，常规测量技术已越来越受到局限。GPS 作为一种新方法，随着其硬件和软件的发展与完善,在大型结构物动态特性和变形监测方面已显示出独特的优越性。近几年来,国内外有关研究人员利用 GPS 在这方面进行了一些试验研究工作。例如,利用 GPS 技术对加拿大卡尔加里(Calgary)塔在强风作用下的结构动态变形进行了测定;国内对一些大跨度悬索桥和斜拉桥(如广东虎门大桥)已尝试安装 GPS 实时动态监测系统;对深圳帝王大厦的风力振动特性采用了 GPS 进行测量。为了获得监测对象的动态特征,需要进行连续的、高频率的数据采样,而高采样率卫星接收机(20Hz、10Hz、5Hz)的出现,使之成为研究各种工程建(构)筑物的动态变形特征的新方法。

三、GPS 变形监测控制网的布设

依据 GPS 监测网的用途、监测精度要求及用户的需要,按照国家及行业主管部门颁发的 GPS 测量规范,现对精度、密度、基准、网形及作业纲要(如观测的时段数、采样间隔、每个时段的长度、接收机的类型与数量、截止高度角、数据处理的方案)等作出具体的规定和要求。

1.GPS 变形监测控制网的布网原则

(1)应用范围的考虑

对于工程建设的 GPS 控制网,既要考虑勘测设计阶段的需要,又要考虑施工放样阶段的需要。对于城市 GPS 控制网,既要考虑近期建设和规划的需要,又要考虑远期发展的需要,还应具有根据具体情况扩展 GPS 控制网的功能。例如,因为 GPS 测量具有高精度和不要求通视的优点,有的城市已经考虑将城市 GPS 网建成兼有监测三维形变功能的控制网,这样既可以为城市建设提供发现隐患、预防灾害的极有价值的信息,也有利于充分发挥 GPS 网和测绘工作在城市建设中的作用。

(2)采用分级布网的方案

分级布设 GPS 网,可根据测区的近期需要和远期发展分期布设,且可使全网的结构呈长短边相结合的形式,既可以减少全网均由短边构成导致的边缘处误差的积累,也便于 GPS 网的数据处理和成果检核分阶段进行。

2.GPS 测量的精度标准

GPS 测量的精度标准通常用网中相邻点之间的距离中误差表示,其形式为:

$$\sigma = \sqrt{a^2 + (b \cdot d)^2} \tag{10-2}$$

式中　σ——距离中误差(mm);

　　　a——固定误差(mm);

　　　b——比例误差系数;

　　　d——相邻点距离(km)。

根据 1992 年颁布的国家标准《全球定位系统(GPS)测量规范》,GPS 测量分为 A～E 五个精度等级。其中,A 级和 B 级为全国性的 GPS 控制网,根据变形监测的目的与性质,A 级网 29 个点,B 级网有数百个点,C 级、D 级和 E 级是局部性的 GPS 控制网。2009 年推出的国家标准《全球定位系统(GPS)测量规范》(GB/T 18314—2009)将 GPS 测量分为 AA～E 六个精度等级,见表 10-1。

表 10-1　GPS 精度等级

级别	固定误差 a(mm)	比例误差系数 b
AA	≤3	≤0.01
A	≤5	≤0.1
B	≤8	≤1
C	≤10	≤5
D	≤10	≤10
E	≤10	≤20

3.测量基准的选取

GPS 测量得到的是 GPS 基线向量,是属于 WGS-84 坐标系的三维坐标差,而实际工程中用的是国家坐标系或地方独立坐标系的坐标。为此,在 GPS 网的技术设计中,必须说明 GPS 监测网的成果所采用的起算数据和坐标系统,也就是说明 GPS 所采用的基准,或者称为 GPS 网的基准设计。GPS 网的基准与常规控制网的基准类似,包括位置基准、方位基准和尺度基准。当测区有旧的地面控制点成果时,既要充分利用原有资料,又要使新布测的 GPS 控制网提高精度,不受旧资料的影响。为此,应将新的 GPS 网与旧控制点进行联测,联测点一般不应少于 3 个。

(1)坐标系统

GPS 网的坐标系统应尽量与测区过去采用的坐标系统一致,如果采用的是地方独立坐标系,一般应该了解以下几个参数:

①所采用的参考椭球体,一般是以国家坐标系的参考椭球为基础;

②坐标系的中央子午线;

③纵、横坐标的加常数;

④坐标系的投影面高程及测区平均高程异常值;

⑤起算点的坐标。

(2)位置基准

GPS 网的位置基准,通常由给定的起算点坐标确定。方位基准既可以通过给定起算方位角确定,也可以将 GPS 基线向量的方位作为方位基准。尺度基准可以由地面的电磁波测距边确定,或由两个以上的起算点间距确定,也可由 GPS 基线向量的距离确定。

(3)高程点

为了得到 GPS 点的正常高,应使一定数量的 GPS 点与水准点重合,或者对部分 GPS 点联测水准。为了便于进行水准联测,且便于进行 GPS 观测,提高 GPS 作业效率,GPS 点一般选在交通便利的地方。

4.收集已有的相关资料

应根据测量任务的目的和测区范围、精度及密度的要求等,充分收集和了解测区的地理情况,以及原有控制点的分布和保存情况,以便恰当地选定 GPS 点的点位。在选定 GPS 点的点位时应遵守以下原则:

(1)点位周围应便于安置天线和 GPS 接收机。视野开阔,视场范围内障碍物的高度角一般应小于 15°;

(2)点位应远离大功率无线电发射源(如电视台、微波站及微波通道等)及高压电线,以避免周围磁场对信号的干扰；

（3）点位周围不应有对电磁波反射（或吸收）强烈的物体，以减弱多路径效应影响；

（4）点位应选在交通便利的地方，以提高作业效率；

（5）选定点位时，应考虑便于用其他测量手段联测和扩展；

（6）点位应选在地面基础坚固的地方，以便于保存。

此外，有时还需要考虑点位附近的通信设施、电力供应等情况，以便于各点之间的联络和设备用电。

在利用旧点时，应检查标石的完整性和稳定性。点位选定后，不论是新点或旧点，均应按规定绘制点之记，选点工作结束后，还要编写选点工作总结。

为了较长期地保存点位，GPS 控制点一般应按照国家规范设置具有中心标志的标石，精确标志点位。点的标石和标志必须稳定、坚固。对于研究三维形变的 GPS 监测网的点位，更应该建造便于长期保存的标志，为提高精度，可建造带有强制归心装置的观测墩。

四、GPS 变形监测控制网的网形设计

1.监测网的网形设计的一般原则

（1）GPS 网一般应采用独立观测边构成闭合图形，例如三角形、多边形或附合水准路线，以增加检核条件，提高网的可靠性。

（2）GPS 网作为测量控制网，其相邻点间基线向量的精度，应分布均匀。

（3）GPS 网点应尽量与原有地面控制网点相重合。重合点一般不应少于 3 个，且在网中应分布均匀，以利于可靠地确定 GPS 网与原有地面网之间的转换参数。

（4）GPS 网点应考虑与水准点相重合，对不重合的点，一般应根据要求以水准测量方法（或相当精度的方法）进行联测，或在网中布设一定密度的水准联测点，以便为大地水准面的研究提供资料。

（5）为了便于 GPS 的测量观测和水准联测，GPS 网点一般应设在视野开阔和交通便利的地方。

（6）为了便于用经典方法联测或扩展，可在 GPS 网点附近布设一通视良好的方位点，以建立联测方向。方位点与观测站的距离，一般应大于 300m。

2.独立基线向量的选择

GPS 控制网一般应由独立观测的基线向量构成。参加同步观测的仪器越多，选取独立基线向量的可能方式就越多。这就为选用独立基线向量以构成最佳的 GPS 网形提供了充分的选择性。在实际工作中，可根据对 GPS 网的要求和经验来确定。

当具有多时段的观测成果时，独立基线向量的选取一般应以构成闭合图形为宜。

3.GPS 变形监测控制网的基准

GPS 变形监测控制网的基准包括网的位置基准、方向基准和尺度基准。一般主要是指确定网的位置基准。依据具体情况，通常选取以下方法确定网的位置基准：

①选取网中一点的坐标值并加以固定，或给予适当的权；

②网中的点均不固定，通过自由网平差，确定网的位置基准；

③选取网中若干点的坐标值并加以固定；

④选取网中若干点（直到全部点）的坐标值并给予适当的权。

　　前两种方法对GPS网定位的约束条件最少,通常称为最小约束法,以此来进行GPS网的平差,对网的定向与尺度没有影响,平差后网的方向和尺度以及网中元素(边长、方位或坐标差)的相对精度都是相同的,但网的位置及点位精度却不相同。

　　后两种方法对平差计算则存在若干约束条件,其约束条件的多少取决于在网中所选点的数量,这种方法通常称为约束法。约束平差法,在确定网位置基准的同时,对GPS网的方向和尺度也会产生影响,其影响程度与约束条件的多少及所取观测值的精度有关。当网中已知点的坐标含有较大的误差,或其权难以可靠地确定时,将会对网的定向与尺度产生不利的影响。

　　因此,只有对于一个大范围的GPS网,而且要求精确地位于WGS-84协议地球坐标系时,或者在具有一组分布适宜的高精度的已知点时,为改善GPS网的定向和尺度,才考虑采用约束平差法。而对于一些区域性的GPS网,如矿山和工程GPS网,其是否精确位于地心坐标系统,并不是特别重要,因此,多采用最小约束平差法。为了与经典地面网相联合,通常选用第一种方法,即固定一点的经典自由网平差法。

五、GPS变形监测控制网的施测

1. 选点

　　根据布设的网形进行实地选点,选点时应带测绘器具进行现场踏勘选点。选点应遵循以下几个原则:

　　(1)按GPS观测要求,保证卫星信号的正常接收,要减弱其他信号的干扰。远离大功率无线电发射源,注意避开电视转播台、无线电微波站、大功率雷达站,另外,尽量避开高压线,确保观测质量。

　　(2)控制点要布设在四周开阔的区域,在地面高度角大于15°范围内不应有障碍物,避免控制点周围有强反射面,尽可能与大面积水域保持一定距离。若确实无法避开,则须通过提高卫星观测高度角等有效措施来保证观测质量。

　　(3)点位应有利于安全作业、长期保存。选点时应根据施工平面图、施工特点与施工计划等,在甲方的协助下,准确估计施工区范围,避免施工时点被破坏。

　　(4)绘制点之记,办理测量标志委托保管书。

　　(5)控制点位须作为等级水准点使用,须按等级水准点埋设的有关要求进行选埋。

　　(6)首级控制点点位初步选定后,先用木桩及测旗标示桩位,然后由建设单位埋标。

2. 埋标

　　GPS网点应埋设具有中心标志的标石,以精确标志点位。点的标石和标志必须稳定、坚固,以利于长久保存和利用,可埋设预制混凝土观测墩,基岩上的观测墩如图10-3所示,土层上的观测墩如图10-4所示。在基岩露头地区,也可直接在基岩上嵌入金属标志。

　　每个点位标石埋设结束后,应提交以下资料:

　　①点的记录;

　　②GPS网的选点图;

　　③土地占用批准文件与测量标志委托保管书;

　　④选点与埋石工作技术总结。

　　点名应向当地政府部门或群众进行调查后确定,一般取村名、山岗名、地名、单位名。

　　利用原有旧点时,点名不宜更改,点号编排(码)应便于计算机计算。

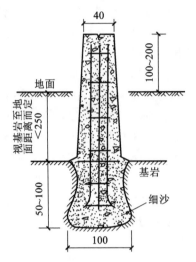

图 10-3　基岩上的 GPS 观测墩

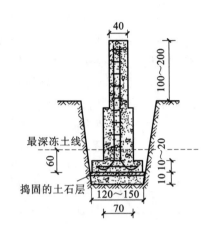

图 10-4　土层上的 GPS 观测墩

3. 观测

GPS 控制网测量应按工程要求,使用一定精度的双频 GPS 接收机进行观测。对可通视的短基线边进行测距,可使用高精度光电测距仪或同等测距精度的电子全站仪。

在控制点标石埋设完毕后,应使其稳定一段时间,使之稳固后再进行观测。

为了提高 GPS 观测的精度与可靠性,GPS 点间应构成一定数量的、由 GPS 独立基线构成的非同步闭合环,使 GPS 网有足够的多余观测。

(1)观测准备

①对所用观测仪器进行检验。

②利用 GPS 有关软件,查阅测区卫星可见性预报表,合理选择最佳观测时段。

③根据观测要求、卫星可见性预报表、各点的周围环境及交通状况制订详细的工作计划、工作日程、人员调度表、观测要求一览表等。

(2)GPS 观测

GPS 作业方式采用静态相对定位模式。GPS 观测须满足以下有关条件:

①观测要求见表 10-2。

②观测组严格按照调度表规定的时间作业,保证同步观测同一卫星组。

③对设有观测墩的控制点进行强制对中,对联测的国家点用经检验的光学对中器对中。为消除天线相位中心位置偏差对测量结果的影响,安置天线须严格整平,使天线标志线指北,定向误差不大于 5°。

④天线高在观测前、后各量测一次。量测时,须使用厂家配套的天线高量测尺,将钢尺尽可能垂直拉紧,准确量取,估读到 0.1mm,其互差不得超过 ±1mm。

⑤在进行首级 GPS 网观测时,须在每时段的始、中、终各观测一次气象元素并进行准确记录,以备需要时,可用以修正气象条件(如电离层与对流层延时)对 GPS 基线观测值的影响。

⑥测量过程中,对每个测站进行认真记录(包括气象记录),记录手簿格式参考《全球定位系统(GPS)测量规范》(GB/T 18314—2009)。

⑦联测有电磁波干扰的点位时,须采取相应措施,以保证 GPS 观测数据的质量。

表 10-2　各级 GPS 测量作业基本技术指标表

项目			级别					
			AA	A	B	C	D	E
卫星截止高度角(°)			10	10	15	15	15	15
同时观测有效卫星数			≥4	≥4	≥4	≥4	≥4	≥4
有效观测卫星总数			≥20	≥20	≥9	≥6	≥4	≥4
观测时段数			≥10	≥6	≥4	≥2	≥1.6	≥1.6
时段长度 (min)		静态	≥720	≥540	≥240	≥60	≥45	≥40
	快速 静态	双频＋P(Y)码	—	—	—	≥10	≥5	≥2
		双频全波	—	—	—	≥15	≥10	≥10
		单频或双频半波	—	—	—	≥30	≥20	≥15
采样间隔 (s)		静态	30	30	30	10～30	10～30	10～30
		快速静态	—	—	—	5～15	5～15	5～15

六、控制网的数据处理

1. GPS 基线的数据解算过程

对于 GPS 观测数据,首先可采用 GPS 数据处理软件,利用广播星历进行基线向量解算和初步数据处理。基线解算是在 WGS-84 坐标系中进行的,对于存在周跳、残差较大等质量较差的观测数据,进行修复、剔除和处理,确保数据正确、可靠。然后,采用高精度 GPS 数据处理软件对 GPS 测量基线进行解算和处理,并进行检核。

GPS 基线解算过程分为以下几个步骤:

(1)输入观测数据。在接收机厂家配备的 GPS 数据处理软件中输入观测数据,其他厂家的软件可能涉及数据格式转换。

(2)检查输入数据。检查的内容有测站名、测站坐标、天线高(包括斜高以及天线高固定偏差)等,如有错误立刻进行修改。

(3)设置基线解算的参数。基线解算的参数包括单基线解与多基线解、卫星截止高度角、电离层与对流层改正模型、L1 与 L2 频率选择、解算模糊度的基线长度、单位权中误差(RMS)、整周模糊度检验值(RATIO)、卫星选择、时段选择等,以确定基线处理方法和基线的精化处理。

(4)基线解算。GPS 接收机采集的数据是接收机天线至卫星的距离和卫星星历等数据,而不是常规测量所测的地面点间的边长、角度和高差等。因此,接收机采集的 GPS 数据还需要通过一系列的处理,才能得到定位成果。

1)GPS 测量数据的预处理

其目的是对野外采集的卫星信号和数据进行编辑、加工与整理,分离出各种专用信息文件,为严谨的数据处理做准备。预处理内容包括观测值的预处理、基线向量解算和 GPS 基线向量网与原有地面网的联合平差等。预处理工作包括:

①数据检验。对观测数据进行平滑滤波检验,剔除观测值中的粗差,删除无用观测值。

②数据格式的标准化。将各类接收机的数据文件加工成彼此兼容的标准化文件。包括文件记录格式标准化、数据类型标准化、数据项目标准化、数据单位标准化和采样间隔密度标准化等。

③GPS卫星轨道方程的标准化。一般用一个多项式拟合观测时段内的星历数据,包括卫星轨道位置的地固坐标系坐标计算和分段轨道拟合的标准化。

④诊断整周跳变点。发现并修复原始观测值周跳,使原始观测值复原。

⑤卫星钟多项式标准化。卫星钟差多项式的拟合及标准化。

⑥观测值进行系统误差改正。如相对论改正和大气折射模型改正。

2)基线解算

预处理完成后就可进行基线解算。基线解算结果主要受以下因素影响,需要注意:

①基线解算时所设定的起点坐标不准确,会导致基线出现尺度和方向上的偏差。

②卫星的观测时间太短,导致这些卫星的整周未知数无法准确确定。

当卫星的观测时间太短时,会导致与该颗卫星有关的整周未知数无法准确确定,而对于基线解算来讲,参与计算的卫星,如果与其相关的整周未知数没有准确确定,就将影响整个基线解算。

③整个观测时段里,有个别时间段里周跳太多,致使周跳修复不完善。

④观测时段内,多路径效应比较严重时,观测值的改正数普遍较大。

⑤对流层或电离层折射影响过大。

2.GPS控制网平差

经过基线解算可以获得具有同步观测数据的测站间的基线向量。为了确定GPS网中各个点在某一坐标系统下的绝对坐标,需要提供位置基准、方位基准和尺度基准,而GPS基线向量只含有在WGS-84坐标下的方位基准和尺度基准,而布设GPS网的主要目的是确定网中各个点在某一特定局部坐标系下的坐标,这就需要通过在平差时引入该坐标系下的起算数据来实现。根据平差时所采用的观测值和起算数据的类型,可将平差分为三维平差、二维平差、无约束平差、约束平差和联合平差等。

(1)三维平差,指GPS网平差在三维空间直角坐标系或三维空间大地坐标系下进行,观测值为三维空间中的观测值,解算出的结果为点的三维空间坐标。

(2)二维平差,指GPS网平差在二维平面坐标系下进行,观测值为二维观测值,解算出的结果为点的二维平面坐标。一般适合于小范围的平差。

(3)无约束平差,一般指GPS网平差时没有起算数据或没有多余的起算数据。

(4)约束平差,指GPS网平差时所采用的观测值完全是GPS观测值(即GPS基线向量),且引入了使GPS网产生由非观测量所引起变形的外部起算数据。

(5)联合平差,指GPS网平差时所采用的观测值除GPS观测值以外,还采用了地面常规观测值,这些地面常规观测值包括边长、方向、角度等观测值。

七、GPS高程拟合

在变形监测中,建(构)筑物的沉降大多是以观测的变形点的高程来判断,若利用GPS获取变形点的高程数据,将会提高测量效率。但是由于采用GPS测定的高程是相对于WGS-84参考椭球面的大地高,而我国高程系统采用的是相对于大地水准面(似大地水准面)的正高(正常高)。为了获得正常高结果(可视为海拔高程),需要将采用GPS测得的高程与水准测量方法测得的高程相结合,进行 GPS 高程拟合,求取高程异常数据,进而获得正常高。

大地高与正高的关系可以表示为:

$$H = H_g + h_g \tag{10-3}$$

式中　　H——大地高;

　　　　H_g——正高;

　　　　h_g——大地水准面到参考椭球面的距离,称为大地水准面差距。

大地高与正常高之间的关系可以表示为:

$$H = H_r + \xi \tag{10-4}$$

式中　　H_r——正常高;

　　　　ξ——似大地水准面到参考椭球面的距离,称为高程异常。

图 10-5 所示为高程系统之间的关系。

GPS 高程拟合的原理比较复杂,在此不再介绍,感兴趣的读者可以查找相关资料学习。

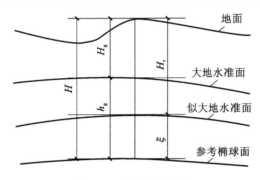

图 10-5　高程系统关系

【案例】　GPS-RTK 技术在东海大桥变形监测中的应用

东海大桥工程是上海国际航运中心洋山深水港区一期工程的重要配套工程,为洋山深水港区集装箱陆路集(疏)运和供水、供电、通信等需求提供服务。

东海大桥全线可分为约 2.3km 的陆上段,海堤至大乌龟岛之间约 25.5km 的海上段,大乌龟岛至小洋山岛之间约 3.5km 的港桥连接段,总长约为 31km,其中包含主航道斜拉桥和颗珠山斜拉桥。大桥按双向六车道加紧急停车带的高速公路标准设计,桥宽 31.5m,设计车速80km/h。

东海大桥结构安全监测系统运用现代传感器与通信技术,实时监测东海大桥桥梁运营期间在各种环境条件下的结构响应与行为,获取反映大桥结构状况和环境因素的各种信息,由此分析结构健康状态、评估结构的可靠性,为桥梁的管理与维护决策提供科学依据。

一、GPS 监测系统实施目的和要求

1. 实施监测系统的目的

①通过实时监测大桥的空间位移,确定大桥的变形状况、几何线型等,为研究索塔位移与环境变化(如温度、风等)的关系,评价大桥结构健康与安全状况提供资料;

②为主航道斜拉桥和颗珠山斜拉桥位移监测提供数据源;

③提供实时高精度 GPS 定位数据;

④提供高质量的双频 GPS 测量数据,通过后处理获得毫米级精度的位置数据;

⑤对不利环境条件下大桥结构安全状况的监测与报警。

2.实施监测系统的要求

①监测系统无人值守,有人照看、自动运行,年运行可靠率达95%以上;

②在市电断电情况下,监测系统设备可依靠备用电源连续工作24h以上;

③GPS硬件设备是国际知名品牌,具有良好的物理性能和工作性能;

④本系统采用光纤通信,数据传输到控制中心实时处理;

⑤毫米级形变监测,界面实时显示形变;

⑥数据实时输出到分析软件。

二、监测系统构成

东海大桥形变监测系统由三部分组成:监测单元、数据传输和控制单元、数据处理分析及管理单元。这三部分形成一个有机的整体,监测单元跟踪GPS卫星并实时采集数据,数据通过通信网络传输至控制中心,控制中心相关的软件对数据进行处理并分析,实时监测桥梁的形变。

监测单元由2个参考站和8个监测站(即测点)组成。芦潮港和小洋山港区各设1个参考站;主航道斜拉桥设3个监测站:两桥塔顶各设1个,跨中桥面设1个;颗珠山斜拉桥设5个监测站:4个塔顶各设1个,跨中桥面设1个。

监测单元采用Trimble 5700接收机。Trimble 5700接收机于2001年进入中国,目前已经在国内拥有了广泛的用户基础并得到了广大用户的认可。如世界上最长的跨海大桥——杭州湾大桥,整个工程加上两岸的参考站系统和监测用接收机,共使用了60多台Trimble 5700接收机。而在精密的变形监测工程中,如长江三峡的滑坡监测工程、国家地震局的相关工程项目(VRS)等都采用了该接收机。

在东海大桥起点控制中心机房和终点附近各建1个GPS参考站。采用双参考站,可在一定程度上提高整个监测系统的精度,同时可为整个监测系统安全运行提供保障,最大程度地提供可靠的、连续的差分数据给每个监测点,保证整个监测系统的安全连续运行。

GPS主机及其附属设备安装在仪表箱内,仪表箱与GPS天线之间的距离最远可达到160m。仪表箱应尽量安装在通风位置,并可方便地接入电源及布线。应为GPS主机提供220V电源,在长期观测的条件下应考虑使用UPS不间断电源。UPS不间断电源的持续时间根据市电断电恢复可能需要的最长时间确定。根据经验需要配备12V/120AH的蓄电池一块,Trimble 5700接收机的功耗为2.5W、光端机的功耗为40W,再加上其他设备功耗,总功耗不超过60W,这样UPS持续供电能力应该可以达到19h。GPS主机与GPS天线之间采用GPS天线电缆连接,天线直径约为10mm,考虑外界环境的影响,天线电缆应该穿入PVC管,这样可以有效保护天线电缆不受雨雪、日照的侵蚀,保持更长的寿命。GPS主机通过光纤就近接入到光纤接入交换机。

参考站天线采用Trimble大地监测型天线Zephyr Geodetic,该天线采用Micro-center微对中技术的双频GPS天线,增强了天线相位中心的稳定性,提高了GPS测量精度。隐形吸波涂层使GPS天线具有更好地抑制和消除多路径以及射频效应干扰的能力。在参考站卫星天线旁边安装一支避雷针,并确保避雷针的有效保护范围是以针顶为顶点的抛物线范围,在其范围内放置卫星天线。避雷针应通过接地引下线和接地装置将雷电流引入大地。同时,在Zephyr Geodetic GPS天线与Trimble 5700接收机的中间加入一个天馈避雷器。当GPS天线不幸遭受雷击,电流通过天线电缆进入接收机时,避雷器便会自动中断电流的输送,以保护接收机。参考站安装示意图如图10-6所示。

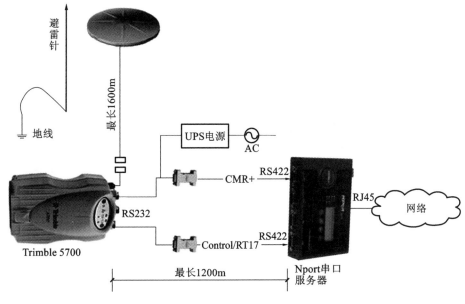

图10-6 参考站安装示意图

三、大桥监测点安置

根据桥面监测站的不同条件,将监测点划分为塔顶点、桥面点。安装位置总示意图见图10-7。

1. 塔顶GPS监测站

塔顶GPS监测站共设6个测点,分别安装在主航道斜拉桥塔顶(2个)和颗珠山斜拉桥塔顶(4个),GPS天线柱高度为1.2m左右,安装类似于参考站。天线架上端装有带5/8英制螺旋的天线安装支架,以固定GPS天线。将GPS主机、AC/DC转换器等设备放置于仪表箱内,仪表箱的尺寸为800mm×400mm×600mm。仪表箱放置于塔梁结合部的梁内,与GPS间的距离最远可达到90m。GPS主机通过光纤接入到就近的光纤接入交换机。塔顶GPS安装示意图如图10-8所示。

2. 桥面GPS监测站

桥面GPS监测站共2个测点,分别安装在主航道斜拉桥主跨跨中(1个)和颗珠山斜拉桥主跨跨中(1个),Trimble Zephyr Geodetic天线通过天线柱与桥体固定。天线柱的顶端加工有5/8英制螺旋以固定GPS天线,天线柱下端通过螺栓与GPS天线底座牢固连接,GPS天线底座要确保整个天线安装装置与桥体箱梁形成一个整体。安装时,选择GPS天线的最佳安装位置。

考虑来往集装箱车辆对天线对空通视的遮挡、天线柱刚性及稳定性、天线维护便利性、桥梁外观美观性等因素,拟采用的天线柱高度为4.0m,内径180mm,外径200mm。

施工时,首先在箱梁两侧斜面合适的位置安装底座,底座水平板四个角部预留螺栓孔,用来固定天线柱,同时中心预留走线孔。通过焊接底座垂直钢板使底座与箱梁成为一体。在加工工艺及安装工艺方面保证天线柱垂直于水平面。

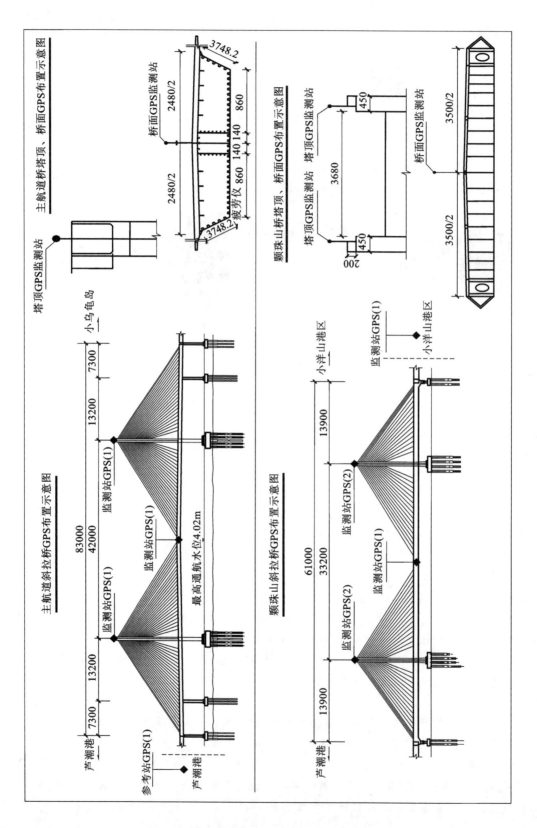

图 10-7　安装位置总示意图

　　GPS 主机及其附属设备安装在仪表箱内,仪表箱的尺寸为 800mm×400mm×600mm,考虑将仪表箱放置于箱梁内。当 GPS 天线电缆引入仪表箱时,需在跨中箱梁壁上钻孔,孔径大小为 20mm,电缆安装后充填空隙。GPS 主机通过光纤接入到就近的光纤接入交换机。

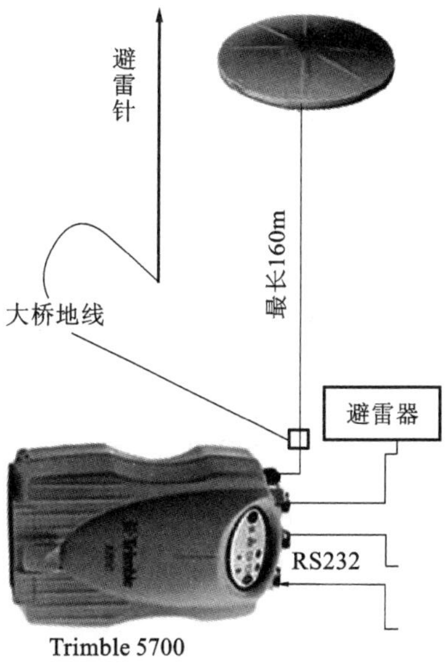

图 10-8　塔顶 GPS 安装示意图

四、数据传输

　　东海大桥结构健康监测 GPS 控制系统及 GPSensor 软件[GPSensor 是上海华测导航技术有限公司研发的,基于网络利用全球卫星定位系统(GPS)进行实时三维变形量分析的系统软件]安装于控制中心,配备两台服务器,一台用于设备控制,另一台用于数据分析和图形处理,以及终端服务。结合专业的数据处理软件,实时进行数据分析和图形处理。

　　东海大桥全长约 31km,如果采用无线电传输数据方法,则无法保证数据传输的质量,根本不能满足大桥监测的要求。故数据传输采用先进的光纤数据传输方式,一方面提高了系统通信可靠性,另一方面提高了数据传输速度。

　　参考站和监测站通过光电转换器连接到光纤通信环网上的光纤接入交换机,每个参考站 GPS 的 2 个串口以及每个监测站 GPS 的 3 个串口均需实时双向通信,并且有固定的数据流向,因此,应对 10 个 GPS 的 28 个串口进行编号。

　　数据流程如下:

　　参考站的数据先进入控制中心服务器,再通过光纤通信网络发往每个监测站 GPS 的 1 号口;每个监测站 GPS 接收到参考站信号后,将差分计算的点位数据由 2 号口(通过光纤)传到控制中心服务器,保存于数据库,用于显示及分析;3 号口用于启动设备、设置参数、监视。

　　①如果参考站主机与光纤数据环网距离小于 15m,接收机 RS232 端口可以直接连接 Nport 串口服务器,进而连接 RJ45 光纤数据环网。

　　②如果参考站主机与光纤数据环网距离大于 15m 而小于 50m,接收机 RS232 端口可以选择中间加信号放大器,直接连接 Nport 串口服务器进而连接 RJ45 光纤数据环网,输出 CMR 十差分信号。

　　变形监测网络中的每个 GPS 接收机都同时输出 GPS 的原始数据格式 RT17 和差分计算后的数据,RT17 包含了 GPS 解算的所有必要的载波相位数据、星历数据等,通过光纤局域网络传到控制中心。控制中心根据每个 GPS 接收机对应的 IP 地址,获得每个监测点的原始实时数据流;或者,软件通过远程的端口映射,直接从监测单元的端口获得 GPS 的原始数据流。Trimble 5700 接收机的原始数据采样间隔最大可以达到 10Hz。

五、软件操作过程

　　首先在 GPSensor 软件中进行天线切换装置设置、参考站设置和流动站设置。在主菜单 tools 下进行 Datum 设置"Display Format",即站点坐标的显示形式,选择"XYH"形式。进行 IP 设置,其中 IP address and port for GPS receiver 是设置服务器接入接收机的本地 IP 地址和端口号,IP address and port for service 是指提供给远程服务器接入的 IP 地址和端口号。

在 Export Setup 设置中建立项目,并保存项目到指定目录。

在 File 菜单中选择"Open"项,打开事先保存的项目,弹出如图 10-9 所示的对话框。

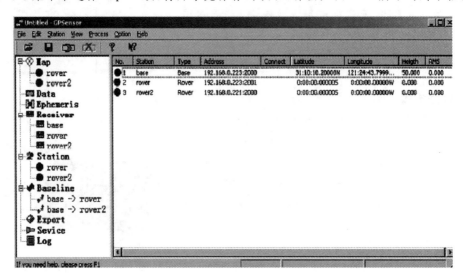

图 10-9　GPSensor 软件数据处理对话框

点击左框图中的"Baseline"可在右框图中看到之前设置的所有站点所形成的基线,选中相应基线,点击鼠标右键,在"Property"里面设置基线解算类型等。执行"Process"→"Run"开始解算,此时在程序中会显示连入系统的观测站,并且显示 GPS 工作状态;只有接收到星历数据后才可以进行解算。

六、数据分析

本次监测时长一个月,共观测了 15 期数据,以每期 60min 作为一个时间段获得该监测点的实际观测值。由于项目保密需要,使用数据受限,下面只针对位于主航道斜拉桥主跨跨中监测点 S1 前 10 期数据进行分析,使用后 5 期数据进行预测。

已知卡尔曼(Kalman)滤波(数据滤波是去除噪声、还原真实数据的一种数据处理技术,卡尔曼滤波在测量方差已知的情况下,能够从一系列存在测量噪声的数据中估计动态系统的状态。因它便于利用计算机编程实现,并且能够对现场采集的数据进行实时更新和处理,Kalman 滤波是目前应用最为广泛的滤波方法)在变形监测的数据处理上存在着一定程度的优越性,但是采用不同的卡尔曼滤波方法,其产生的效果也是不同的。本次监测通过使用两种自适应卡尔曼滤波法对 S1 监测点前 10 期的数据进行处理和分析,得出适合本桥梁工程的最优滤波方法,具体结果见表 10-3 以及图 10-10、图 10-11。

表 10-3　S1 卡尔曼滤波偏离值对比表

监测点	S1			
	卡尔曼滤波值(mm)		方差补偿自适应卡尔曼滤波值(mm)	
期数	X 绝对差值	Y 绝对差值	X 绝对差值	Y 绝对差值
1	0	0	0	0
2	0.8	1	0.4	0.6
3	1.2	0.9	0.7	0.5

监测点	S1			
	卡尔曼滤波值（mm）		方差补偿自适应卡尔曼滤波值（mm）	
期数	X 绝对差值	Y 绝对差值	X 绝对差值	Y 绝对差值
4	0.9	1.1	0.7	0.7
5	1.5	1.3	0.8	0.6
6	1.1	0.9	0.6	0.7
7	1	1.4	0.5	0.6
8	1.3	0.9	0.7	0.6
9	0.8	1.1	0.6	0.8
10	1.6	1.2	0.9	0.8

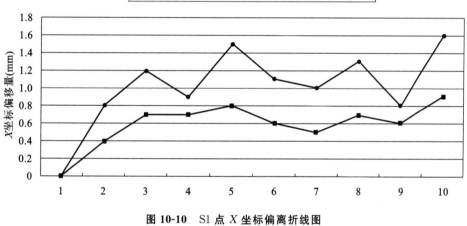

图 10-10　S1 点 X 坐标偏离折线图

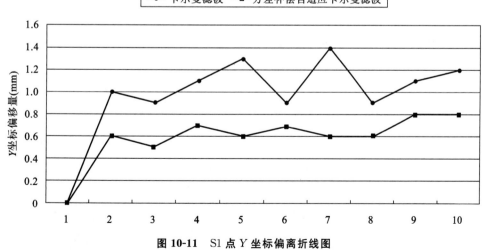

图 10-11　S1 点 Y 坐标偏离折线图

　　通过表 10-3 和图 10-10、图 10-11 可以看出,采用标准的卡尔曼滤波或者方差补偿自适应卡尔曼滤波这两种方法对监测点 S1 数据进行分析,S1 点位移的变化趋势保持一致。但是从两种方法与实测值的差值来看,在 X、Y 方向上,使用标准的卡尔曼滤波产生的绝对差值明显大于使用方差补偿自适应卡尔曼滤波处理而产生的绝对差值,前者在 X 方向上位移量均值为 1.02mm,后者在 X 方向上位移量均值为 0.59mm。同样,前者在 Y 方向上位移量均值为 0.98mm,后者在 Y 方向上位移量均值为 0.59mm。由此可见,采用方差补偿自适应卡尔曼滤波对观测值进行数据的处理预测具有更好的可靠性。

　　在 RTK 技术得到了一定程度应用的同时,也要注意到该技术的不足:

　　①接收机内部采用的载波相位差分解算模型没有充分适应形变监测的特点,所以该技术不是桥梁形变监测中最优的数据处理技术。

　　②基准站的差分数据需要通过网络送至各个监测站,监测站进行差分解算后再将结果送回监控中心,数据需要进行双向传输,这样由于存在延迟,导致监测站的数据和基准站的数据不同步,增大了误差,也增大了通信网络的数据传输量。

　　③差分解算在接收机内部进行,大量的信息对用户是隐藏的,不利于系统的维护和扩展。

　　随着 GPS 技术的不断成熟,GPS 自动化监测系统已经在桥梁、建筑、地震、大坝等工程行业中得到了应用并取得了较理想的效益。同其他测量方式相比,利用 GPS 进行桥梁的实时监测显示出其独特的优越性,特别是实时性和高采样性的数据为桥梁的变形状态分析提供了方便的条件,为管理部门的决策提供了依据,使桥梁的安全得到保证。采用 GPS 对桥梁进行实时监测的技术具有广阔的前景。

思考与练习题

　　1.GPS 的组成部分有哪些?

　　2.简述 GPS 技术的定位原理。

　　3.GPS 定位方法有哪些? 分别解释绝对定位、相对定位、静态定位、动态定位。

　　4.简述利用 GPS 技术进行变形监测的优点。

　　5.GPS 变形监测的作业模式有哪些?

　　6.简述 GPS 变形监测控制网的布网原则。

　　7.简述 GPS 选点应遵循的原则。

附录二 "工程变形监测"综合技能训练

一、建筑物变形监测任务

1. 技能训练任务

本次技能训练任务有：变形观测点的布设；变形观测的野外数据采集；变形观测曲线图的绘制；变形观测资料的整编；变形观测报告的编写。

2. 技能考核

在综合技能项目训练结束后，由指导教师组织技能考核，考核内容和考核要求依据"工程变形监测"课程技能考核标准进行。

3. 训练时间

时间为 2 周。

二、训练目标

1. 知识目标

通过本训练，加深对所学理论知识的理解，能将所学知识运用于工程建设的安全变形监测中。

2. 能力目标

通过本次技能训练，学会进行变形观测点的布设，能进行变形观测的野外数据采集；会绘制变形观测曲线图、变形观测资料的整编和变形观测报告的编写。

三、仪器设备及场地要求

1. 仪器设备

全站仪(1"或 2"级)1 套/组，钢尺 1 把/组，记录板 1 块/组，精密水准仪 1 套/组，水准尺 1 对/组。

2. 场地要求

(1)沉降观测：选择具有明显受力支柱的 5～6 层楼房为观测对象，选择周围便于安置仪器和便于观测的场地作为沉降观测场。

(2)倾斜观测：选择高度在 50m 左右的烟囱、水塔或高层建筑作为倾斜观测的实习场地。

四、变形监测技术要求

(一)建筑物变形控制测量

1. 建筑物变形测量基准点与工作基点的设置

应复合下列规定：

变形测量的基准点应设置在变形区域以外、位置稳定、易于长期保存的地方，并应定期复测。复测周期应视基准点所在位置的稳定情况确定,在建筑施工过程中宜1~2月复测一次,基准点稳定后宜每季度或每半年复测一次。当观测点变形测量成果出现异常,或当测区受到地震、洪水、爆破等外界因素影响时,应及时进行复测。

变形测量基准点的标石、标志埋设后,应达到稳定后方可开始观测。稳定期应根据观测要求与地质条件确定,不宜少于15d。

当有工作基点时,每期变形观测时均应将其与基准点进行联测,然后再对观测点进行观测。

变形控制测量的精度级别不低于沉降或位移观测的精度级别。

2.高程基准点

(1)高程基准点的点数不应少于3个。高程工作基点可根据需要设置,基准点和工作基点应形成闭合环或形成由附合水准路线构成的结点网。

(2)高程基准点和工作基点应避开交通干道主路、地下管线、仓库堆栈、水源地、河岸、松软填土、滑坡地段、机器振动区以及其他可能使标石、标志易遭腐蚀和破坏的地方。

(3)高程基准点应选在变形范围以外且稳定、易于长期保存的地方。在建筑区内,其点位与邻近建筑的距离应大于建筑物基础宽度的2倍,其标志埋深应大于临近建筑基础的深度。高程基准点也可选择在基础深且稳定的建筑上。

(4)高程基点与工作基点之间宜进行水准测量。

(5)水准测量所采用的仪器和标尺见表一。

表一

级别	使用的仪器型号			标尺类型		
	DS05、DSZ05型	DS1、DSZ1型	DS3、DSZ3型	钢瓦尺	条码尺	区格式木制尺
特级	√	×	×	√	√	×
一级	√	×	×	√	√	×
二级	√	√		√	√	×
三级	√	√	√	√	√	√

注:表中"√"表示允许使用;"×"表示不允许使用。

(6)一、二、三等水准测量观测方式见表二。

表二

级别	高程控制测量、工作基准点联测及首次沉降观测			其他各次沉降观测		
	DS05、DSZ05型	DS1、DSZ1型	DS3、DSZ3型	DS05、DSZ05型	DS1、DSZ1型	DS3、DSZ3型
一级	往返测	—	—	往返测或单程双测站	—	—
二级	往返测或单程双测站	往返测或单程双测站	—	单程观测	单程双测站	—
三级	单程双测站	单程双测站	往返测或单程双测站	单程观测	单程观测	单程双测站

（7）水准测量的视线长度、前后视距差和视线高（m）的规定见表三。

表三

级别	视线长度	前后视距差	前后视距差累计差	视线高度
特级	≤10	≤0.3	≤0.5	≥0.8
一级	≤30	≤0.7	≤1.0	≥0.5
二级	≤50	≤2.0	≤3.0	≥0.3
三级	≤75	≤5.0	≤8.0	≥0.2

注：①表中的视线高度为下丝读数；

②当采用数字水准仪测量时，最短视线长度不宜小于3.0m，最低水平视线高度不应低于0.6m。

（8）水准观测限差（mm）的规定见表四。

表四

级别		基辅分划读数之差	基辅分划所测高差之差	往返较差及附合或环线闭合差	单程双测站所测高差较差	检测已测测段高差之差
特级		0.15	0.2	$\leqslant 0.1\sqrt{n}$	$\leqslant 0.07\sqrt{n}$	$\leqslant 0.15\sqrt{n}$
一级		0.3	0.5	$\leqslant 0.3\sqrt{n}$	$\leqslant 0.2\sqrt{n}$	$\leqslant 0.45\sqrt{n}$
二级		0.5	0.7	$\leqslant 1.0\sqrt{n}$	$\leqslant 0.7\sqrt{n}$	$\leqslant 1.5\sqrt{n}$
三级	光学测微法	1.0	1.5	$\leqslant 3.0\sqrt{n}$	$\leqslant 2.0\sqrt{n}$	$\leqslant 4.5\sqrt{n}$
	中丝读数法	2.0	3.0			

注：①当采用数字水准仪观测时，对同一尺面的两次读数差不设限差，两次读数所测高差之差的限差执行基辅分划所测高差之差的限差；

②表中 n 为测站数。

（9）对水准仪的要求见表五。

表五

级别	特级	一级	二级	三级
i 角（″）	≤10	≤15	≤15	≤20

3．平面基准点的布设与测量

（1）各级别位移观测的基准点（含方位定向点）不应少于 3 个，工作基准点可根据需要设置。

（2）基准点、工作基点应便于检核校验。

（3）当使用 GPS 测量方法进行平面或三维控制测量时，基准点位置还应满足下列要求：

①应便于安置接收设备和操作；

②视场内障碍物的高度角不宜超过 15°；

③应远离电视台、电台、微波站等大功率无线电发射源，其距离应不小于 200m；离高压输电线路和微波无线电信号传输通道的距离不小于 50m；附近不应有强烈反射卫星信号的大面积水域、大型建筑以及热源等；

④通视条件好，应方便后续采用常规测量手段进行联测。

（4）强制对中的对中误差不应超过 0.1mm，因此，应制作观测墩或埋设专门的观测标石。

（5）平面控制测量的方法：边角测量、导线测量、GPS 测量及三角测量、多边形测量等形式。

（6）水平角观测宜采用方向观测法，当方向数不多于 3 个时，可不归零。导线测量中，当导线点上只有两个方向时，应按左右角观测；当导线点上多于两个方向时，应按方向观测法观测。水平角观测测回数规定如表六所示。

表六

级别		一级	二级	三级
仪器型号	DJ05	6	4	2
	DJ1	9	6	3
	DJ2	—	9	6

方向观测法限差规定如表七所示。

表七

仪器型号	两次照准目标读数差(″)	半测回归零差(″)	一测回内 2C 互差(″)	同一方向值各测回互差(″)
DJ05	2	3	5	3
DJ1	4	5	9	5
DJ2	6	8	13	8

（二）建筑物沉降观测

1. 建筑物沉降观测点的布点与要求

（1）建筑沉降观测应测定建筑及地基的沉降量、沉降差及沉降速度，并根据需要计算基础倾斜、相对弯曲及构件倾斜。

（2）沉降观测点的布设：沉降观测点应布设在最能全面反映建筑及地基变形特征的地方，并考虑地质情况及建筑结构特点，一般在如下所示处：

①建筑的四角、核心筒四角、大转角处及沿外墙每 10～20m 处或每隔 2～3 根柱基上；

②高低层建筑、新旧建筑、纵横墙等交会处的两侧；

③建筑裂缝、后浇带和沉降缝两侧、基础埋深相差悬殊处、人工地基与天然地基的接壤处、不同结构的分界处及填挖方分界处；

④对于宽度大于 15m 或小于 15m 且地质复杂以及膨胀土地区的建筑，应在承重内墙中部设内墙点，并在室内地面中心及四周设地面点；

⑤筏形基础、箱形基础底板或接近基础的结构部分至死角处及其中部位置；

⑥对于电视塔、烟囱、水塔、油罐、炼油塔、高炉等高耸建筑，应布设在沿周边与基础轴线相交的对称位置上，点数不少于 4 个。

2. 沉降观测周期和观测时间规定

（1）普通建筑在基础完工后或地下室砌完后开始观测，大型建筑、高层建筑可在基础垫层或基础底部完成后开始观测；观测次数与间隔时间视地基与加荷情况而定。民用建筑每隔

1~5层观测一次,一般1~2层观测一次;工业建筑可按回填基坑、安装柱子和屋架、砌筑墙体、设备安装等不同施工阶段分别进行观测。若建筑物均匀增高,应至少在增加荷载的25%、50%、75%和100%时各观测一次;

(2)施工过程中若停工,在停工时及重新开工时应各观测一次,停工期间可每隔2~3个月观测一次;

(3)在观测过程中,若出现基础附近地面荷载突然增减、基础四周大量积水、长时间连续降雨等情况,均应及时增加观测次数。当建筑物突然发生大量沉降、不均匀沉降或严重裂缝时,应立即进行逐日或2~3d一次的连续观测。

(4)建筑沉降是否进入稳定阶段,应由沉降量与时间关系曲线判定。当最后100d的沉降速率小于0.01~0.04mm/d时,可认为已进入稳定阶段。

3.提交资料

(1)工程平面位置图及基准点分布图;

(2)沉降观测点分布图;

(3)沉降观测成果表;

(4)时间-荷载-沉降量曲线图。

(三)建筑物水平位移观测

1.建筑物水平位移的观测点的位置应选在墙角、柱基及裂缝两边等处。可采用墙上标志,具体形式及其埋设应根据点位条件和观测要求确定。

2.水平位移观测周期,对于不良地基土地区的观测,可与一并进行的沉降观测协调确定;对于受基础施工影响的有关观测,应按施工进度的需要确定,可逐日或间隔2~3d观测一次,直至施工结束。

3.观测方法:可使用视准线、激光准直、测小角等方法施测。

4.提交成果:水平位移观测点布设分布图,水平位移观测成果表,水平位移曲线图。

(四)裂缝观测

1.裂缝观测应测定建筑上的裂缝分布位置和裂缝的走向、长度、宽度及其变化情况。

2.对需要观测的裂缝应统一编号。对每条裂缝应至少布设两组观测标志,其中一组应在裂缝的最宽处,另一组应在裂缝的末端。每组应使用两个对应的标志,分别设在裂缝的两侧。裂缝观测标志应具有可供测量的明晰端面或中心。

3.观测方法:小钢尺和游标卡尺测定。也可用交会法测定裂缝。

4.观测周期,应根据其裂缝变化速率而定。开始时间可每半个月一次,以后每月测一次。当发现裂缝加大时,应及时增加观测次数。

5.裂缝观测中,裂缝宽度数据应量至0.1mm,每次观测应绘出裂缝位置、形态和尺寸,注明日期,并拍摄裂缝照片。

6.提交成果:裂缝位置分布图,裂缝观测成果表,裂缝变化曲线图。

(五)成果整理

1.建筑变形观测在完成记录检查、平差计算和处理分析后,应按下列规定进行成果的整理。

(1)观测记录手簿的内容应完整、齐全;

(2)平差计算过程及成果、图表和各种检验、分析资料应完整、清晰;

(3)使用的图式符号应规格统一、注记清楚。

2.建筑物变形观测的观测记录、计算资料及技术成果均应有有关责任人签字,技术成果应加盖成果章。

3.根据建筑变形测量的任务委托方的要求,可按周期或变形发展情况提交下列阶段性成果:

(1)本次获前1~2次观测成果;

(2)与前次观测间的变形量;

(3)本次观测后的累计变形量;

(4)简要说明及分析、建议等。

4.当建筑变形测量任务全部完成后或委托方需要时,应提交下列综合成果:

(1)技术设计书,或施测方案;

(2)变形测量工程的平面位置图;

(3)基准点与观测点分布平面图;

(4)标石、标志规格及埋设图;

(5)仪器检验与校正资料;

(6)平差计算成果;

(7)反映变形过程的图表;

(8)技术报告书。

(六)技术报告书的编写要求及内容

1.项目概况

应包括项目来源、观测目的和要求,测区地理位置及周边环境,项目完成的起止时间,实际布设和测定的基准点、工作基点、变形观测点点数和观测次数,项目测量单位、项目负责人、审定人等。

2.作业过程及技术方法

应包括变形测量作业依据的技术标准,项目技术设计或施测方案的技术变更情况,采用的仪器设备及其检校情况,基准点及观测点的标志及其分布情况,变形测量格周期观测时间等。

3.成果精度统计及质量检验结果

4.变形测量过程中出现的变形异常和作业中发生的特殊情况等

5.变形分析的基本结论与建议

6.提交的成果清单

7.附图、附表等

五、组织与实施

1.组长要切实负责,合理安排,使每人都有练习的机会,不要单纯追求进度;组员之间应团结协作,密切配合,以确保综合实训任务顺利完成。

2.综合实训过程中,应严格遵守《学生守则》中的有关规定。

3.综合实训前要做好准备,随着综合实训进度阅读"综合实训指导"及教材的有关章节。

4.每一项测量工作完成后,要及时计算、整理观测成果。原始数据、资料、成果应妥善保存,不得丢失。

六、技能考核

（一）考核标准

本次技能训练的考核标准以"工程变形监测"课程技能考核标准为依据，在指导教师的指导下，根据技能训练的具体情况进行考核。

（二）考核说明

1. 每人抽签决定抽查考核项目之一进行考核；

2. 考核过程中任何人不得提示，各人应独立完成仪器操作、记录、计算及校核工作；

3. 主考人有权随时检查是否符合操作规程及技术要求，但应相应折减所影响的时间；

4. 若有作弊行为，一经发现，一律按零分处理，不得参加补考；

5. 考核前考生应准备好钢笔或圆珠笔、计算器，考核者应提前找好扶尺人；

6. 考核时间自架立仪器开始，至递交记录表为止；

7. 考核仪器水准仪为精密水准仪；全站仪为2″级全站仪；

8. 数据记录、计算及校核均填写在相应记录表中，记录表不可用橡皮擦修改，记录表以外的数据不作为考核结果。

七、时间安排

表八

序号	内容	时间（d）
1	实习动员、任务下达，事先指导，规范及指导书学习	0.5
2	仪器借用，仪器检验	0.5
3	变形观测点的布设	1
4	变形观测控制网测量	2
5	沉降变形观测	1次/天（共5天）
6	水平位移观测	1次/天（共5天）
7	倾斜观测	0.5
8	观测资料整理	0.5
	合计	10.0

八、实习纪律

1. 在实习期间，要求遵守学校纪律，严禁私自外出游泳、酗酒、上网、打架等，切实保障人身、仪器安全。

2. 认真学习有关资料，独自完成实习内容，不得抄袭他人成果。

3. 一切听从指导教师的指挥，服从组长安排，相互配合。

4. 请假应经指导教师认可，报系办批准。否则按旷课处理，成绩不及格。

九、上交成果

1. 变形观测点布置略图
2. 变形观测数据采集原始手簿
3. 建筑物变形曲线图
4. 建筑物变形分析报告

十、实习成绩评定

　　课程综合实训教学考核采用个人考核和小组考核相结合的方式进行,各实训项目考核采用小组实操考核的方式进行,各实训项目考核成绩按权重计入总成绩,小组考核占总成绩的60%;个人考核占总成绩的40%。

　　实践教学考核从思想品德与平时表现、知识技能两个方面考核,着重强调学生知识技能情况。

　　1. 小组考核

　　小组的思想品德与平时表现主要从热爱祖国、政治态度、道德认识、团队协作、奉公守法、工作态度、考勤、安全几方面去考核。满分30分,由实习指导教师按严重问题、次严重问题和一般问题酌情扣分,直至0分。

　　小组知识技能成绩采用实操考核的方式进行,重点考察小组完成实训项目任务的质量和效率,满分70分。由指导教师按规定赋分评定。小组思想品牌与平时表现成绩+小组知识技能考核成绩=课程实训考核小组成绩。

　　2. 个人考核

　　个人的思想品德与平时表现主要从热爱祖国、政治态度、道德认识、团队精神、奉公守法、工作态度、考勤、安全几方面去考核。满分30分,由实习指导教师按严重问题、次严重问题和一般问题酌情扣分,直至0分。

　　个人知识技能成绩重点考查学生应知、应会情况,从知识要求、技能要求两方面考核,满分70分,其中,知识要求30分,技能要求40分,由指导教师按规定赋分评定。个人思想品牌与平时表现成绩+个人知识技能考核成绩=课程实训考核个人成绩,并按所得分数确定等级。

　　综合小组考核成绩和个人考核成绩评定每位学生课程综合实训的总成绩,即课程实训考核小组成绩×0.60+课程实训考核个人成绩×0.40=课程综合实训个人总成绩,并按所得分数确定等级。经考核学生成绩可分为5个等级,即优、良、中、及格、不及格。

<table>
<tr><td colspan="8" align="center">综合技能训练总结报告书</td></tr>
<tr><td>课程名称</td><td colspan="3" align="center">工程测量——
工程竣工与变形监测</td><td>综合训练
项目名称</td><td colspan="3" align="center">工程变形监测</td></tr>
<tr><td>工作任务</td><td colspan="3">1.沉降观测；
2.倾斜观测</td><td>训练时间</td><td>1周</td><td>任务性质</td><td>必修</td></tr>
<tr><td>班级</td><td></td><td>学生姓名</td><td></td><td>学习时段</td><td colspan="3">日　时　分—日　时　分</td></tr>
</table>

1.综合技能训练项目概述
（时间、场地、组织、仪器设备等情况）

2.训练内容
［引用相关规范、技术要求；踏勘、选线（控制网布设）、施测、数据处理等］

3.训练遇到的问题
（训练中出现的问题、解决办法）

4. 训练评价
（从知识、技能和素质三方面进行评价）

5. 意见和建议

参 考 文 献

[1] 杨晓平.工程监测技术及应用[M].北京:中国电力出版社,2010.

[2] 伊晓东,李保平.变形监测技术及应用[M].郑州:黄河水利出版社,2007.

[3] 中华人民共和国国家质量监督检验检疫总局.测绘成果质量检查与验收(GB/T 24356—2009)[S].北京:中国标准出版社,2009.

[4] 郝亚东.建筑工程测量[M].北京:北京邮电大学出版社,2012.

[5] 中华人民共和国住房和城乡建设部.建筑变形测量规范(JGJ 8—2016).北京:中国建筑工业出版社,2016.

[6] 中华人民共和国国家质量监督检验检疫总局.全球定位系统(GPS)测量规范(GB/T 18314—2009)[S].北京:中国标准出版社,2009.

[7] 郝亚东,许加东,张勇.基于多影响因子计算模型在城市地面沉降监测中的应用研究[J].铁道工程学报,2011(3):20-23.

[8] 周忠谟,易杰军,周琪.GPS卫星测量原理与应用[M].北京:测绘出版社,1995.

[9] 刘梦微.基于GPS的桥梁变形监测应用研究——以东海大桥为例[D].上海:华东理工大学,2013.

[10] 孟晓林.变形观测数据处理及变形几何分析法[D].南京:河海大学,1992.

[11] 彭先进.测量控制网的优化设计[M].武汉:武汉测绘科技大学出版社,1991.

[12] 丁锐.GPS技术在建筑物变形监测中的应用研究[D].天津:天津大学,2008.